创造最有价值的阅读

"阅读力"指导专家委员会

名著阅读力养成丛书

森林报

◆ ［苏联］比安基 著　◆ 沈念驹 译

浙江文艺出版社
Zhejiang Literature & Art Publishing House

图书在版编目(CIP)数据

森林报 / (苏)比安基著;沈念驹译. —杭州:浙江
文艺出版社,2021.2
(名著阅读力养成丛书)
ISBN 978-7-5339-6322-4

Ⅰ.①森… Ⅱ.①比… ②沈… Ⅲ.①森林—少
儿读物 Ⅳ.①S7-49

中国版本图书馆 CIP 数据核字(2020)第 234311 号

责任编辑 沈路纲
责任校对 罗柯娇
责任印制 吴春娟
装帧设计 吕翡翠
营销编辑 赵颖萱

森林报

[苏]比安基 著 沈念驹 译

出版发行 浙江文艺出版社
地　　址 杭州市体育场路347号
邮　　编 310006
电　　话 0571-85176953(总编办)
　　　　　0571-85152727(市场部)
制　　版 杭州天一图文制作有限公司
印　　刷 浙江超能印业有限公司
开　　本 710毫米×1000毫米 1/16
字　　数 234千字
印　　张 17
插　　页 2
版　　次 2021年2月第1版
印　　次 2021年2月第1次印刷
书　　号 ISBN 978-7-5339-6322-4
定　　价 43.00元

出版说明

　　阅读不仅关乎个人的素养和语文教育的水平，也关乎整个社会的风尚和文明的品质。从2016年9月起，全国中小学陆续启用了教育部统编语文教材。统编教材特别重视阅读，加强了阅读设计，鼓励学生通过大量阅读来提升语文素养，提高阅读能力和阅读水平。语文学习要建立在广泛的课外阅读的基础上，已经成为越来越多的人的共识。

　　我社以文学立社，出名著，出精品，几十年来在古典文学、现当代文学、外国文学、儿童文学等领域积累了大量的资源和优秀的版本。从2003年起就陆续推出"语文新课标必读丛书"，为中小学生的名著阅读助力，深受欢迎。随着统编语文教材的使用，我社面向师生做了大量的教材使用调研，多次邀请并集聚读书界、语文教育界、文学界、出版界等领域的专家把脉会诊，群策群力，为中小学生和老师们精心策划、精心编辑，推出了这套"名著阅读力养成丛书"。

　　这套丛书收录中小学语文课程标准和统编语文教材推荐阅读书目，不仅收录小学"快乐读书吧"和初中"名著导读"中推荐阅读书目，而且配合"1＋X"群文阅读设计，收录课文后要求阅读的作家作品，共计百余种，基本满足中小学生的阅读需要。

　　该丛书由曹文轩先生担纲主编，延请一线教学名师，对入选的每一部作品编写有针对性的阅读指导方案，介绍作家作品和创作特色，提出合理的阅读建议，引导学生进行专题探究，有意识地拓展学生的阅读视野，有选择性地提供阅读检测与评估办法。这样，有步骤地引领学生完成整本书阅读，了解文学、科普等不同类别作品的阅读方法，了解小说、散文、诗歌、戏剧等不同文体的特征，切实有效地提高学生的阅读水平和阅读能力，同时也给老师的教学实践提供一种参照与借鉴。可以说，这套书不仅强调要读什么，更强调应该怎么读。

该丛书在版本选用上精益求精，精挑细选经典权威版本，囊括一批资深翻译家的经典译本，如傅雷译《名人传》《欧也妮·葛朗台》、力冈译《猎人笔记》、卞之琳译《哈姆雷特》等。对于名家选本，追求代表性，或由该领域权威研究者编选，或由作家自己编选。由于"五四"白话文运动的发轫与推进，中国现代文学作品在语体上有着鲜明的用语特色，我们在编校中参阅相关文献对少量字词和标点做了适当的修改，尽可能地保留作品的原貌。

该丛书在设计上充分考虑阅读的舒适感和青少年的用眼卫生，尽可能地采用大号字体、米黄纸张，做到版面疏密有致、图书轻重得宜等。所有这些，旨在推出一套真正面向学生、服务学生的青少年版丛书。

培根说："读书足以怡情，足以傅彩，足以长才。"经典名著的影响力是不可估量的，一本好书能够让一个人终身受益。让我们种下阅读的种子，学会阅读，爱上阅读，在阅读中唤起灵性和兴味；让我们在多姿多彩的阅读的花园里，去领略丰美而自由的天地！

浙江文艺出版社

总　序

曹文轩

　　"新课标"以及根据"新课标"编定的国家统一中小学语文教材，有一个重要的理念：语文学习必须建立在广泛的课外阅读基础之上。

　　语文学科与其他学科的重要区别是：其他一些学科的学习有可能在课堂上就得以完成，而对于语文学科来说，课堂学习只不过是其中的一部分，甚至不是最重要的一部分；语文学习的完成须有广泛而有深度的课外阅读做保证——如果没有这一保证，语文学习就不可能实现既定目标。我在有关语文教育和语文教学的各种场合，曾不止一次地说过：课堂并非是语文教学的唯一所在，语文课堂的空间并非只是教室；语文课本是一座山头，若要攻克这座山头，就必须调集其他山头的力量。而这里所说的其他山头，就是指广泛的课外阅读。一本一本书就是一座一座山头，这些山头屯兵百万，只有调集这些力量，语文课本这座山头才可被攻克。一旦涉及语文，语文老师眼前的情景永远应当是：一本语文课本，是由若干其他书重重包围着的。一个语文老师倘若只是看到一本语文教材，以为这本语文教材就是语文教学的全部，那么，要让学生从真正意义上学好语文，几乎是没有希望的。有些很有经验的语文老师往往采取一种看似有点极端的做法，用很短的时间一气完成一本语文教材的教学，而将其余时间交给学生，全部用于课外阅读，大概也就是基于这一理念。

关于这一点，经过这些年的教学实践，加之深入的理性论证，语文界已经基本形成共识。现在的问题是：这所谓的课外阅读，究竟阅读什么样的书？又怎样进行阅读？在形成"语文学习必须建立在广泛的课外阅读基础之上"这一共识之后，摆在语文教育专家、语文教师和学生面前的却是这样一个让人感到十分困惑的问题。

有关部门，只能确定基本的阅读方向，大致划定一个阅读框架，对阅读何种作品给出一个关于品质的界定，却是无法细化，开出一份地道的足可以供一个学生大量阅读的大书单来的。若要拿出这样一份大书单，使学生有足够的选择空间，既可以让他们阅读到最值得阅读的作品，又可避免因阅读的高度雷同化而导致知识和思维高度雷同化现象的发生，则需要动用读书界、语文教育界、文学界、出版界等领域和行业的联合力量。一向有着清晰领先的思维、宏大而又科学的出版理念，并有强大行动力的浙江文艺出版社，成功地组织了各领域的力量，在一份本就经过时间考验的书单基础上，邀请一流的专家学者、作家、有丰富教学经验的语文老师、阅读推广人，根据"新课标"所确定的阅读任务、阅读方向和阅读梯度，给出了一份高水准的阅读书单，并已开始按照这一书单有步骤地出版。

这些年，我们国家上上下下沉思阅读与国家民族强盛之关系，国家将阅读的意义上升到从未有过的高度，无数具有高度责任感的阅读推广人四处奔走游说，并引领人们如何阅读，有关阅读的重大意义已日益深入人心。事实上，广大中小学的课外阅读已经形成气候，并开始常态化，所谓"书香校园"已比比皆是。现在的问题是：阅读虽然蔚然成风，但阅读生态却并不理想，甚至很不理想。这个被商业化浪潮反复冲击的世界，阅读自然也难以幸免。那些纯粹出于商业目的的写作、阅读推广以及和各种利益直接挂钩的某些机构的阅读书目推荐，造成了阅读的极大混乱。许多中小学生手头上阅读的图书质量低下，阅读精力的投放与阅读收益严重不成比例。更严重的情况是，一些学生因为阅读了这些质量低下的图书，导致了天然语感被破坏，语文能力非但没有得到提高，还不断下降。如果这种情况大面积发生，我们还在毫无反思、毫无警觉地泛泛谈课外阅读对语文学习之意义，就可能事与愿违了。现实迫切需要有一份质量上乘、定位精准、真正能够匹配语文教材的阅读书目以及这些图书的高质量出版。

我们必须回到"经典"这个概念上来。

我们可能首先要回答"经典"这个词从何而来。

人们发现，这个世界上的书越来越多了，特别是到了今天，图书出版的门槛大大降低，加之出版在技术上的高度现代化，一本书的出版与竹简时代、活字印刷时代的所谓出版相比，其容易程度简直无法形容。书的汪洋大海正席卷这个星球。然而，人们很清楚地看到一个根本无法回避的事实，那就是：每一个人的生命长度都是有限的，我们根本不可能去阅读所有的图书。于是一个问题很久之前就被提出来了：怎么样才能在有限的生命过程中读到最值得读的书？人们聪明地想到了一个办法：将一些人——一些读书种子——养起来，让他们专门读书，让读书成为他们的事业和职业，然后由"苦读"的他们转身告诉普通的阅读大众，何为值得将宝贵的生命投入于此的上等图书，何为不值得将生命浪费于此的末流图书或是品质恶劣的图书。通过一代一代人漫长而辛劳的摸索，我们终于把握了那些优秀文字的基本品质。这些被认定的图书又经过时间之流的反复洗涤，穿越岁月的风尘，非但没有留下被岁月腐蚀的痕迹，反而越发光彩、青春焕发。于是，我们称它们为"经典"。

阅读经典是人类找到的一种科学的阅读途径。阅读经典免去了我们生命的虚耗和损伤。我们可以通过对这些图书的阅读，让我们的生命得以充实和扩张。我们在这些文字中逐渐确立了正当的道义观，潜移默化之中培养了高雅的审美情趣，字里行间悲悯情怀的熏陶，使我们不断走向文明，我们的创造力因知识的积累而获得了足够的动力，并因为这些知识的正确性，从而保证了创造力都用在人类的福祉上。阅读这些经典所获得的好处，根本无法说尽。而对于广大的中小学生来说，阅读经典无疑也是提高他们语文能力的明智选择。

这套书，也许不是所有篇章都堪称经典，但它们至少称得上名著，都具有经典性。

2018 年 7 月 15 日于北京大学

点击名著

◎ 一位生于大自然的作家

1894年，他在一个养着许多飞禽走兽的家庭里出生了。儿时，郊外、乡村、海边是他最喜欢的去处；观察动物、观看标本、上山打猎是他最大的爱好。1924年，他发表了第一部儿童童话集，1927年出版了他的代表作《森林报》，深受少年朋友喜爱。他就是苏联著名儿童文学作家——比安基，一位生长在大自然中的伟大作家。

◎ 一份包含大自然的报纸

它是一份报纸，又不仅仅是一份报纸，它包含了整个大自然，书中既有形形色色的植物，又有各种各样的飞禽走兽，类似《百科全书》，却又有着报纸特有的活泼、可读、新鲜和快捷，它就是比安基的《森林报》。

《森林报》采用了报刊的形式，按森林年历的方式，让十二个月有了另一种称呼。在春、夏、秋、冬四季轮回之中，森林里的事件被有层次、分门别类地报道出来。

春是《森林报》开始的季节，经历了严冬的考验，许多动物食物告急，森林里所有的生命都在迎接春天的到来。春，是一个充满希望的、欢腾的季节。

夏是从鸟儿们忙碌的筑巢活动开始的。整个夏季，是生命从孕育到成熟的过渡季节。动物们仿佛有了人的灵性，就连植物都有了自己的语言和性格。夏，是一个热情似火、回味无穷的季节。

秋的来临伴随着渐凉的秋风，催促着成群结队的鸟儿们开始大搬家。整个森林逐渐褪去夏季的喧闹，变得沉寂起来，不见了鸟儿的踪影，不见了鱼儿的欢跃。秋，是一个忙碌收获而又逐渐寂静的季节。

冬是冰雪使者带来的，仿佛一夜之间，天地就变了脸，森林转眼之间被大雪覆盖，动物们躲起来了，大家都在盼望春天的到来，《森林报》又将翻开新的篇章。

阅读建议与指导

◎ 阅读进阶一：整体感知全套内容

在我们人类的世界，一年分12个月，共365天。我们习惯了每天撕去一页日历，从元旦那一天起，直到12月31日，这便是完整的一年。但是，你是否想过：大自然中的花草树木、飞鸟鱼虫，它们的一年是怎样划分的，在它们的世界中，每天又在发生着怎样有趣的事情。如果你的心里也有这些疑问，那么，《森林报》就会是你阅读的首选；如果你已经准备好了，那么，就请你跟随我们的驻林地记者一起走进那个五光十色、精彩纷呈的大自然吧！

【我发现1：奇特的森林年】阅读书本，你发现了森林年的奥秘了吗？它和我们人类的日期有什么关联和区别呢？猜一猜森林年每个月是依据什么来命名的？

【我发现2：相同的主题】《森林报》的世界也有春、夏、秋、冬，也有十二个月，书本中就分为十二期向我们介绍了森林的世界。阅读目录，你是否发现每一期都有一些主题是相同的，比如，《林间纪事》《都市新闻》……你能把它们找出来吗？当然，你还可以预测一下，这些主题分别会向我们介绍什么内容。

◎ 阅读进阶二：合适方法阅读文本

《森林报》为我们展现出一幅景象万千的自然生活画卷，它是一部森林史诗，更是一部生动、优美的自然百科全书。阅读森林报，我们可以采用哪些合适的阅读方法和策略呢？

【方法1：边阅读边预测】森林里的故事这么精彩，你一定对某些事件特别感兴趣，一边读一边预测，你会在哪些地方留下你的思考痕迹呢？比如，在《树上的兔子》中，发大水时，兔子跑到了岛中央，可是水涨得很快，小岛变得越来越小，你猜猜，兔子会怎么办呢？它会被淹死吗？

【方法2：带着问题阅读】《森林报》可以让你发现许多森林里不为人知的秘密，你最想知道什么呢？可以带着你的问题，到书本中去找找答案。

【方法3：精彩部分回读】《森林报》是一部值得反复阅读的书籍，你瞧，当你读到书本最后一页时，最后时刻的紧急电报来了，城里出现先到的白嘴鸦。冬季结束了。森林里现在是新年元旦。现在请你重新从第一期开始阅读《森林报》。这又将会是一个全新的森林世界。

◎ 阅读进阶三：小组合作探究阅读

这部作品四季十二期，有许多类似的主题，涵盖了森林世界中千千万万的知识，特别适合同学们开展小组合作阅读活动，你们可以聚焦一个主题，围绕几个问题，在小组内进行探索阅读。

月份	研究板块	小组成员及分工	研究内容
苏醒月			
候鸟回乡月			
……			

◎ 阅读进阶四：项目推进可视阅读

关于这本书的阅读，在小组合作阅读的基础上，你可以采用很多有趣的方式进行交流、分享、展示活动，在这些项目活动中，你将会获取更多的知识，发现更多森林世界的秘密。

【项目一：图说森林】这本书中的配图并不多，文字却格外吸引人，我们可以在阅读文字后，以图画的形式记录自己的收获，并在展示中结合图画说一说自己的学习成果。比如，《小偷偷小偷》就是一个非常紧张刺激的故事，你可以根据文字对长耳猫头鹰的描述，把它的样子画下来；你也可以把猫头鹰抓老鼠的场景画下来；你还可以把伶鼬偷猫头鹰的猎物的场景画下来，甚至，你可以把这几幅画组成连环画，这可是一件有趣的事情。

【项目二：新闻播报】在阅读的过程中，你可以把获取的信息按时间顺序整合起来，尤其是在阅读"都市新闻"板块时，记者已经把森林中的新闻采集出来了，你是否能以"新闻播报"的形式展现出来呢？

【项目三：发行专辑】读《森林报》，我们除了当个小读者，还可以当个小编辑，为自己感兴趣的内容发行专辑。首先，你可以选择一个自己最感兴趣的主题，比如动物类的，植物类的，打猎的，等等。接着，你可以从书中精选出最适合自己专辑的内容，并对内容进行删减。最后，你可以把这些内容按照一定的顺序拼接起来。当然，你还可以取一些小标题，或者配上美丽的图画。

本报首位驻林地记者

在早年，列宁格勒人和林区居民经常会在公园里遇见一位戴眼镜、目光专注的白发教授。他常竖耳谛听鸟儿的啼鸣，仔细观察每一只飞经身边的蝴蝶或苍蝇。

我们大城市的居民不善于发现春天里每一只新出现的鸟儿或蝴蝶，而春天林中新发生的任何一件事都逃不过他的眼睛。

这位教授名叫德米特里·尼基福罗维奇·卡依戈罗多夫。德米特里·尼基福罗维奇对我们城市及其近郊充满活力的大自然一连观察了半个世纪。整整五十年，他眼看着春季替代了冬季，夏季替代了春季，秋季替代了夏季，于是冬季又复来临。鸟群飞走又飞来，花朵和树木花开又花落。德米特里·尼基福罗维奇一丝不苟地记录自己的观察结果：什么时间出现什么现象，然后在报上发表。

他还呼吁别人，尤其是青少年，观察大自然，记录观察所得并把笔记寄给他。许多人响应了他的呼吁。他那支记者观察员的队伍年复一年地在壮大又壮大。

如今许多热爱大自然的人——我国的方志学家、学者、少先队员和小学生都效法德米特里·尼基福罗维奇开创的先例，继续进行这样的观察并收集观察结果。

在五十年中，德米特里·尼基福罗维奇已经积累了许多观察的结果。他把这一切都整合在一起。所以现在，由于他持久、顽强、细心的工作和我们的读者未闻其名的其他许多科学家的劳动，我们知道春季里什么时候哪些鸟类飞来我们这里，秋季里它们又何时飞离我们，

我们的首位驻林地记者

德米特里·尼基福罗维奇·卡依戈罗多夫

我们的鲜花和树木又如何生活。

德米特里·尼基福罗维奇为孩子和成人写了许多有关鸟类、森林和田野的书。他亲自在小学里工作，并且总是证明：孩子们研究亲爱的大自然应当不是在书本上，而是在林间和田野散步的时候。

1924年2月11日，由于久患重病，德米特里·尼基福罗维奇去世了，未能活到新一年春季的来临。

我们将永远纪念他。

森林年

我们的读者可能会以为印在《森林报》上有关森林和城市的消息都是旧闻。其实不是这么回事。不错，每年总是有春天，然而每年的春天都是新的，无论你生活多少年，你不可能看见两个相同的春天。

年仿佛一个装着十二根辐条（十二个月）的车轮：十二根辐条都闪过一遍，车轮就转过整整一圈，于是又轮到第一根辐条闪过。可是车轮已经不在原地，而是远远地向前滚去。

又是春季来临，森林开始苏醒，狗熊爬出洞穴，河水淹没居住地下的生灵，候鸟飞临。鸟类又开始嬉戏、舞蹈，野兽生下幼崽。于是，读者将在《森林报》上发现林间最新的所有消息。

我们在这里刊登每年的森林年历。它与一般的年历很少有相似之处，不过这没有什么好大惊小怪的。

因为野兽和鸟类可不按咱们人类的时令办事；它们自有特殊的年历：林中万物按太阳的运行生活。

一年之间太阳在天空走完一个大圆。每一个月它经过一个星座——黄道十二宫①（即所谓的十二星座）的一宫。

---

① 在地球绕太阳做圆周运动时，在地球上看来，似乎太阳在天空每年做一次圆周运动，太阳的这一移动路线（视路径）就叫"黄道"，沿黄道分布的黄道十二星座的总称叫"黄道带"，这十二个星座对应十二个月，每个月用太阳在该月所在的星座符号来标示。由于春分点的不断移动（约七十年移动一度），目前太阳每月的位置都在两个邻近星座之间，但每月仍保留以前的符号，这十二星座的名称从春分点起（3月20日或21日）依次为：白羊、金牛、双子、巨蟹、狮子、处女、天秤、天蝎、人马、摩羯、宝瓶、双鱼。

在森林年历上元旦不在冬季，而在春季——当太阳进入白羊星座的时候。当森林迎来太阳的时候，那里常常充满了欢乐的节日；而森林送走太阳的时候，就是忧愁寡欢的日子。

我们把森林年历也同我们的年历一样划分为十二个月。只是我们对这十二个月按另一种方式，也就是按森林里的方式称呼。

森林年历

月 份

1月　苏醒月（春一月）——3月21日至4月20日

2月　候鸟回乡月（春二月）——4月21日至5月20日

3月　歌舞月（春三月）——5月21日至6月20日

4月　筑巢月（夏一月）——6月21日至7月20日

5月　育雏月（夏二月）——7月21日至8月20日

6月　成群月（夏三月）——8月21日至9月20日

7月　候鸟辞乡月（秋一月）——9月21日至10月20日

8月　仓满粮足月（秋二月）——10月21日至11月20日

9月　冬季客至月（秋三月）——11月21日至12月20日

10月　小道初白月（冬一月）——12月21日至1月20日

11月　啼饥号寒月（冬二月）——1月21日至2月20日

12月　熬待春归月（冬三月）——2月21日至3月20日

森 林 报

No.1

苏醒月

（春一月）

3月21日至4月20日

太阳进入白羊星座

新年好

　　春季第一个月的第一天3月21日是春分。太阳悬在天空的时间正好十二个小时。日和夜的时间长度相等。这一天万物庆贺新年，时令转入春季。

第一份林中来电

（本报特派记者）

飞来了最初的一群群白嘴鸦①。春天来了。笼罩天空的沉重而阴暗的乌云消失了。蓝蓝的天空飘浮着一团团积云，犹如一个个大雪堆。野兽产下了最初的幼崽。驼鹿和狍子长出了新角。黄雀、山雀和凤头鸡开始唱歌。我们正期待着椋鸟和云雀飞来。我们在被刮倒的云杉树的根下找到了熊洞。我们正轮流守候在洞口，将报道熊出洞的消息。积雪融化的涓涓细流正悄悄地在冰下汇集。林中的融雪正在滴水：树上的积雪正在融化。一到夜晚严寒又把坚冰锻造。

---

① 白嘴鸦，又译"秃鼻鸦"，属于鸦科的鸟类，体长可达45厘米，成大群筑巢于高大乔木。

林间纪事

白嘴鸦开启新春之门

乡村里到处出现大群大群的白嘴鸦。白嘴鸦在南方度过冬天。它们趁着好天气急急忙忙赶回故乡，一天之内飞越100公里。在飞行途中它们遇到了强大的暴风雪。几十上百只鸟儿因体力耗尽而在途中牺牲。最先飞回的是体力最好的。现在它们正在休息。它们扬扬自得地在路上来回踱步，勤勤恳恳地用坚硬的嘴巴在土中掏掘觅食。

第一个蛋

在所有鸟类中，雌乌鸦最先产蛋。它的窝筑在高高的云杉树上，树上盖着积雪。为了不使蛋结冰，也为了不使小鸟冻死，母乌鸦守在窝里寸步不离。它的食物由公乌鸦供给。

谜一般的茸毛

沼泽地的雪都化了，一个个草墩子间都是水。而草墩下面却挺立着一支支银光闪闪的白色小毛笔，支在光滑的绿色小茎上摇晃。难道是随风飞扬的小果实来不及在秋季飘向四方？难道它们是在雪下越的

冬？令人难以置信：它们太干净，太清新了！

如果你摘下一支这样的小毛笔，展开这些毛毛，谜就解开了。这是花朵。在它丝状的毛毛中间，能看见黄黄的雄蕊和线状的柱头。

羊胡子草就这么开花，而花上的毛毛是用来保温的，因为夜晚依然是那么寒冷。

H. 帕甫洛娃

在常绿的森林里

常绿的植物并非只能在热带或地中海沿岸看到。我们也有着和常绿灌木共生的常绿森林。就是现在，新年的第一个月里，走进这样的森林，使人感到特别惬意，那里既看不到褐色朽烂的树枝，也看不到令人厌恶的枯草。

枝叶扶疏的亮绿色年轻小松树老远就在招引着来客。在这儿，置身其间是何等的快乐！什么都是有生命的：软绵绵的苔藓，长着一簇簇光鲜叶子的越橘丛、帚石南。精致的帚石南，它那被惊人的纤细的叶子像瓦片一样覆盖的细枝上，还保留着去年的淡紫色小花。

在沼泽边缘还可看见一种常绿灌木——小石南。它那深色的叶子，边缘下卷，下面确实是白的，所以叫"下面白"①。可是如果有人在这种灌木旁边驻足停留，谁不会对它久久地端详观察一番呢！因为他一定发现了一种有趣的东西：花朵。那是一个个美丽的绯红色小铃铛，样子像越橘花。这么早的时节在森林里发现鲜花，这可是一份意外的欣喜。假如你采上这么一束花，谁也不会相信它竟采自野外，而不是来自温室。

因为在早春时节难得会有人在常绿的森林里散步。

H. 帕甫洛娃

---

① 在俄语中，"小石南"这个词按其读音和构成，意思就是"下面白"。

鹞鹰和白嘴鸦

"哔—哔！嘎—嘎—嘎！"我的头顶上方传来一种叫声。我回过头去，看见五只白嘴鸦跟在一只鹞鹰①后面飞。鹞鹰向四面躲闪着，白嘴鸦却穷追不舍，啄它的头部。鹞鹰痛得哔哔直叫。最后它得以成功脱身，远飞而去。

我站在一座高高的山上，所以可以看得很远。我看到一只鹞鹰停在一棵树上——喘口气歇一会——突然不知从哪儿飞出闹嚷嚷的一大群白嘴鸦，猛然向它袭来。这时鹞鹰完全陷入了困境。它疯狂地尖叫着向一只白嘴鸦冲去。那一只害怕了，向一旁飞逃而去。于是鹞鹰非常灵活、毫无障碍地溜向了高空。白嘴鸦群失去自己俘虏的对象后，就在田野上四下飞散了。

驻林地记者：K. 梅什里亚耶夫

---

① 鹞鹰，又译"鹞雀鹰"，属于鹞科的猛禽，体长达40厘米，以小鸟和啮齿动物为食。

第二份林中来电

(本报特派记者)

椋鸟和云雀已经飞来，并开始唱歌。

我们等待狗熊出洞已经等腻了。我们曾想：莫非它在洞里冻死了？

突然积雪蠢蠢欲动起来。

然而从洞里爬出来的根本不是熊，而是一头从未见过的野兽，个头相当于一头大的猪崽，全身是毛，长着一个黑肚子，略显白色的脑袋上有两道深色花纹。

原来这不是熊洞，而是獾穴，从洞穴里出来的是一只獾。

如今它再也不会睡着了，每到夜晚就要搜索蜗牛、幼虫和甲虫，吃植物的根或捉老鼠。

我们开始在整座林子里搜寻，还是找到了熊洞，这可是真正的熊洞了。

熊还在睡觉。

水漫到了冰上。

积雪正在崩塌，松鸡正在发出求偶的鸣叫，啄木鸟在树上敲响了鼓点。

飞来了破冰鸟——白鹡鸰①。

走雪橇的路损坏了，农庄庄员们用马车替代了雪橇。

---

① 白鹡鸰，属于雀形目的鸟类，体长16.5—18厘米，以昆虫为食。

列宁格勒州集体农庄的孩子们首次集会
决　议

我们向下列农业的敌害宣战：小家鼠、家鼠、食粮象甲虫、草地螟蛾，等等。我们将组织1200个小分队开展对大田、花园、菜园和粮仓敌害的斗争。为了大田和菜园除害的需要，我们将分挂3000个椋鸟箱。

列宁格勒州少年自然界研究者会议
决　议

亲爱的伙伴们！

我们的田野上谷物正在抽穗，花园里鲜花正开放，社会主义经济日益巩固和壮大。

和成人一起劳动的还有我们——少年自然界研究者，农业试验员。

我们，本州少年自然界研究者和农业试验员大会的出席者，在交流自然科学工作经验的同时，向本州全体少先队员和中小学生发出号召——增加自然科学研究工作的分量。

在校内园地辟出花坛，培育果树和浆果灌木。

愿我们每个人种植不少于两棵果树或浆果灌木。

在农业品种试验、植物珍贵新品种培育、先进农业技术的检验与应用方面更广泛地开展实验活动。

在暑假期间让我们都参与为学校制作植物学、动物学和无生物界直观教具的工作。

让我们在农庄的田野和菜园、在牲畜栏参加劳动，帮助照料养蜂场。

为使我们有益的工作更顺利地进行，我们要经常向我们的老师、农艺师、畜牧学家、蔬菜栽培家、养蜂人讨教、咨询，我们要了解农庄大田先进工作者的成就，向米丘林①工作者学习争取丰产的新方法。

———————————

① 米丘林（1855—1935），俄罗斯生物学家和育种专家，培育出300多个果树、浆果作物品种。

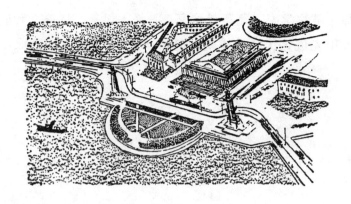

都市新闻

屋顶音乐会

每到夜晚，屋顶上就举行猫咪音乐会。猫可喜欢这样的音乐会哩。音乐会总是以歌手们绝望地吵架收场。

走访顶层阁楼间

《森林报》的一名记者最近几天走访了城市中心区的许多人家，以便了解住在顶层阁楼间居民们的生活条件。

占据此地各个角落的鸟儿似乎对自己的住处相当满意。谁要觉得冷，就可以把身子紧贴到炉灶的烟囱边，利用免费的供暖设施。鸽子已经在孵卵，麻雀和寒鸦在全城收集筑巢的秸秆和制作自己羽绒褥子用的绒毛与羽毛。

鸟儿唯一抱怨的是猫咪和小孩儿，因为他们常捣毁它们的鸟窝。

林区观察

由观察大自然的著名专家德·尼·卡依戈罗多夫发起的对林区不间断的物候学①观察，至今已满八十年了。

在苏联，物候学观察家如今是由以卡依戈罗多夫的名字命名的一个专门委员会领导的，这个委员会从属于全苏地理学会。

物候学观察家们从国内不同的州和加盟共和国将自己的信息发往委员会。对候鸟的飞临飞离、植物的花开花落、昆虫的出现消失，多年来一丝不苟的登记，使所谓的"大自然中性日历"的编制有了可能。这种日历有助于预测和确定各种农事期限。

在森林区现在成立了一个国家物候学中心站。在全世界，这样的观察站一共只有三个，那里的观察期都超过了五十年。

迎春虫

几只丑陋笨拙的幼虫从河上的冰缝里爬出了水面。它们攀缘着爬上滨河的街道，蜕掉裹在身上的外皮，变为长着翅膀、身体细小、匀称的昆虫，它们既非苍蝇，又非蝴蝶，它们是襀翅目的迎春虫②。

它们虽然长着长长的翅膀，身体又轻，却还不会飞翔，因为还很虚弱。它们需要阳光。

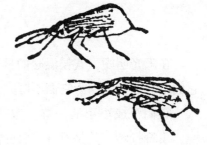

它们徒步穿越马路。行人、马蹄和汽车轮子都会把它们碾死。麻

---

①物候学，研究生物界季节现象的科学。

②迎春虫，这是一个昆虫的种类，属于襀翅目，翅展1—8厘米，约有2000种，栖息于流动水体附近。成虫出现于早春。俄语中"襀翅目"一词与"春歌"一词相同，故译者又依其成虫出现于早春的特点，权且将其译为"迎春虫"。

雀会利索地将它们当作美食。可是它们依然不停地走着，走着，因为它们的数量有成千上万。

成功穿越了街道的迎春虫，就能爬上房屋的墙壁去享受阳光。

给椋鸟安个窝

如果谁想在自家花园里有椋鸟迁来居住，那就赶紧给它造间房子。这房子应该是干干净净的，有一扇小门，门的大小要使椋鸟能钻得进去，而猫却进不去。

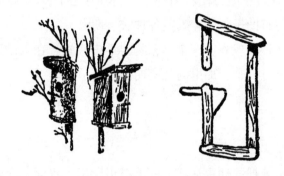

为了使猫爪子够不着椋鸟，要在门内侧装一个木头三角形。

小蚊子飞舞

在阳光明媚、气候温暖的日子，已经有小蚊子在空中飞舞了。对它们不必害怕，因为它们不叮人，它们是舞虻。

它们汇成小小的一群，像一根小柱子那样停留在空中，彼此碰撞，飞舞打转。凡是有许多舞虻的地方，空中就布满了像雀斑一样的小点儿。

春天的鲜花

　　在花园、公园和院子里，款冬①淡黄色的花朵盛开了。

　　街上已经在出售采自森林的早春的鲜花花束。卖花人称这种花为"雪下紫罗兰"，尽管无论花的形状还是香味都不大像紫罗兰。它的正式名称是"蓝色獐耳细辛"。

　　树木也正在苏醒：白桦树的体内汁液已开始流动。

　　①款冬，菊科多年生草本植物，叶圆形，可入药，有祛痰功效，一面光滑，贴到脸上有凉意，另一面有茸毛，贴到脸上有暖意。故俄语中该植物的名称如按字面意译当为"亲娘和后娘"。

第三份林中急电

（本报特派记者）

我们守候在一个洞口边的树上。

突然下面不知是谁掀开了积雪，露出了一头野兽黑色的脑袋。

这是一头母熊爬出了洞穴。跟着它出来的是两只小熊崽。

我们看到它张大了整个嘴巴美美地打了个哈欠，然后就向森林里走去。小熊崽连蹦带跳地跟着它跑。我们只来得及发现它瘦得很厉害，变得十分蓬头垢面。

现在它在林子里到处徘徊——长久的冬眠以后它已十分饥饿，所以见什么吃什么：植物的根、隔年的草和浆果，如果碰巧也不会放过一只兔崽子。

狩猎纪事

春季的狩猎只允许在一个短暂的期限内进行。如果春天来得早，狩猎开始得也早，如果春天来得迟，狩猎开始得也迟。

春季狩猎的对象是林中和水中生活的鸟类。只能打雄鸟——公野鸡和公野鸭，而且不许带猎狗。

伏猎丘鹬

猎人白天出城，傍晚他已经在森林里了。

苍茫无风的傍晚，下着毛毛细雨，天气暖和，是张网捕猎的好天气。

猎人选择了一块林边空地，站到了一棵小云杉树前面。周围林子的树都不高，有赤杨、白桦和云杉。离太阳下山还有一刻钟，眼下还有时间抽口烟，过会儿就不能抽了。

猎人站定了听着：林子里鸟儿各展歌喉唱着各样的曲儿，鸫鸟在云杉尖尖的树顶啾啾唧唧地啼鸣，红胸鸲鸟在密林里吱吱地叫。

太阳落下了，鸟儿一只接一只地停止了歌唱。最后安静下来的是

善鸣的鸫鸟和鸲鸟。

现在守候着，听仔细了！林子上空变得那么安静：

"哧，哧！嚯——尔，嚯——尔！"

"哧，哧！"

对了，一共是两只！

林中两只长嘴丘鹬快速地用翅膀扇动着空气，在森林上空疾飞。

一只紧跟着一只，没有打架。

这表明前面那只是雌鸟，后面那只是雄鸟。

砰！……于是，后面那只丘鹬在空中一圈圈翻滚着徐徐下落到灌木丛里。

猎人箭一般向它跑去：要是受伤的禽兽逃跑了，钻到了灌木丛下面，就怎么也找不到了。

丘鹬所有羽毛的颜色像平放在地的枯叶。

就是它——挂在了灌木上。

这时旁边又有一处传来了一只叫"哧哧"、另一只叫"嚯尔"的声音。

还远着呢，枪弹够不着。

猎人又站到了云杉后面。他谛听着，打起了精神。林子里寂然无声。

又来了：

"哧，哧！嚯——尔，嚯——尔！"

声音来自旁边，来自旁边——远得很……

把它引过来？它会拐过来吗，也许？

猎人摘下帽子，抛向空中。

丘鹬眼很尖，正看着呢：在昏暗的暮色中它在窥视着雌鸟。它发现有一件东西从地上升起来，又向下落去。

是雌鹬吗？

它拐了个弯，猛冲过来——正对猎人的方向。

砰！——这一只也一个跟头翻落下来了，像一块木头一样碰到了

地面。一枪毙命！

天黑下来了。时而这儿时而那儿传来"哧哧""嚯尔"的叫声——只是拐来拐去的。

猎人的手激动得在打战。

砰！砰！——擦肩而过！

砰！砰！——又打偏了！

最好别开枪，放过一两只——得让它们宽宽心。

这时手的颤抖过去了。

现在可以打了。

森林中黑暗的深处，雕鸮①在一个地方发出低沉而可怕的呜呜叫声。鸫鸟在朦胧中尖厉而惊恐地叽叽叫起来。

天黑了——很快就开不了枪了。

听，终于来了：

"哧，哧！"

另一方向也叫了起来：

"哧，哧！"

这两只鸟正好在猎人头顶上空碰上了，还打了起来。

"砰！砰！"——连发两枪，两只都掉了下来。一只像一团土那样掉下来，另一只一圈圈翻滚着落下，直接落在他脚边。

现在该走了。

趁小路还看得清，应当到靠近鸟类发情的地方去。

这可真是紧张，读到这儿的时候，我仿佛听到了打枪的声音，仿佛看到了子弹和鸟儿擦肩而过的情景。

---

① 雕鸮，鸮形目的猛禽，品种很多，猫头鹰即为其中之一。

天南海北

无线电通报

请注意！请注意！

列宁格勒广播电台，这里是《森林报》广播。

今天，3月21日，是春分，我们开辟来自苏联各地的无线电通报栏目。

我们向北方和南方、东方和西方的人们发出号召。

我们向冻土带和原始林区，向草原和山区，向海洋和沙漠的人们发出号召。

请告诉我们：今天你们那里发生了什么？

————————————

请收听！请收听！

北极广播电台

我们这儿正在庆祝盛大的节日：经过了漫长漫长漫长的黑夜后今天第一次见到了阳光！

今天是太阳在北冰洋上露出它边缘的第一天——只露了个头顶。几分钟后它又藏了起来。

两天以后太阳已经会沿北极爬行了。

再过两天它就会升起来，最终会整个儿脱离洋面升起。

现在我们有了自己短促的白昼，从早到晚一共不过一个小时：毕竟阳光在不断增加，明天白昼会长些，后天会更长些。

我们这儿海水和陆地都覆盖着深深的积雪和厚厚的冰层。白熊在自己的冰窟窿——熊洞里沉睡。任何地方都看不到一丝绿芽，也没有鸟类。只有严寒和暴风雪。

中亚广播电台

我们已经完成马铃薯的种植，开始播种棉花。太阳烤得满街尘土飞扬。桃树、梨树和苹果树正在开花。扁桃、杏、银莲花和风信子的花已经谢了。种植防护林带的工作已经开始。

在我们这儿越冬的乌鸦、寒鸦、白嘴鸦和云雀正起程飞向北方。

夏季的鸟类已经飞来：燕子、白腹雨燕。大野鸭已经在树洞和土穴里孵出小鸭子，小鸭跳出了巢穴，正在泅水。

远东广播电台

我们这儿狗狗已从冬眠中苏醒。

不，不，你们别听错：我们说的正是狗狗，而不是熊、旱獭、獾。

你们可曾认为任何地方的狗狗都不冬眠？可我们这儿它们却要冬眠，冬天睡大觉。

我们这儿就生长着一种特殊的狗——野生狗。它的个头比狐狸小，腿短短的。它的皮毛是棕色的，又密又长，连耳朵也看不见。它爬进洞穴过冬，像獾一样睡大觉。现在它已苏醒过来，开始捉老鼠和鱼类。

它的名字叫浣熊狗，样子像美洲的一种小熊——浣熊。

在南部沿海我们开始捕捞一种扁平的鱼——比目鱼。在乌苏里地区的密林中老虎已经产下幼崽。小虎崽已经开眼。

我们一天天地在等待从大洋进入内河的"过境"鱼，它们是到这儿产卵的。

新西伯利亚原始森林广播电台

我们这儿大概和你们列宁格勒近郊一样：因为你们也地处原始森林带——针叶林和混合林带，广阔的原始森林地带覆盖着我们全国。

我们这儿夏天才有白嘴鸦，但春天是从寒鸦飞来算起的：寒鸦离开我们这儿去越冬，到春天是最先飞回我们这儿的鸟类。

我们这儿春天是和谐的季节，过得也快。

高加索山区广播电台

我们从春季到冬季是自下而上过渡的。

高山之巅大雪纷飞，而山下的谷地却淫雨霏霏，溪水奔流，最初的春季汛期开始了。河水喘息着从两岸涌出，滚滚浊流势不可当地奔向大海，在自己前进的道路上把一切扫荡干净。

　　山下的谷地里鲜花盛开，树木长出了叶子。绿色植被一天天地沿着温暖向阳的山坡向高处攀登。

　　跟随着绿色植被的足迹，飞鸟纷至沓来，啮齿动物和食草动物也跟着向高处攀登。狼、狐狸、野欧林猫，甚至威胁人类的豹子，都在追逐着狍子、兔子、鹿、山绵羊和山羊。

　　冬天正向山顶退却。春天紧随其后，步步逼近，和春一起上山的则是所有的生灵。

公 告

我们寻找住处

用坚固木板打造的独立小屋。板厚不小于2厘米，屋高32厘米，面积15×15（平方厘米），入口（巢门）高5厘米，距底面23厘米。正面向阳。

我们已经飞来了
椋鸟启

斜挂小屋。
两侧面积12×12（平方厘米）。
门宽4厘米。

我们近日就到
捕蝇兔尾鼠、
红尾鸲启

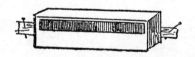

内部分格的小屋。三个房间总面积12×36（平方厘米）。巢门在顶板下4厘米处。

我们在5月到达
雨燕启

小棚屋高11厘米。
面积11×11（平方厘米）。
巢门4厘米。在上，距底板7厘米。

我们已在这里了
白鹡鸰启
我们5月到达
斑鹟启

森 林 报

No.2

候鸟回乡月

（春二月）

4月21日至5月20日　　　　　　　　　太阳进入金牛星座

候鸟迁徙还乡的万里征途

  候鸟从越冬地成群结队地飞来了。它们还乡迁徙是按严格的秩序进行的，一队队行动，每一队有自己的次序。

  今年候鸟飞回我们这儿，走的是原先的空中路线，还是按原先的秩序，它们的祖先几千年、几万年、几十万年以来一直是按这样的秩序迁徙的。

  最先起程的，是秋季最后离开我们的那些候鸟。最后起程的，是秋季最先离开我们的那些候鸟。比别的鸟晚到的，是最鲜亮绚丽的候鸟：它们需要等到青草绿叶长出来的时候。在光秃秃的大地和树木上，它们过于显眼，在我们这儿，现在还无法躲避敌害——猛兽和猛禽。

  正好有一条鸟类在海上迁徙的万里征途在我们的城市和我们的列宁格勒州上空通过。这条空中路线称为"波罗的海航线"。

  万里征途的一端紧靠北冰洋，另一端隐没在鲜花盛开、阳光明媚、气候炎热的国度。一群群海鸟和近岸的鸟类排成无穷无尽的长长鸟阵，飞越长空，每一个鸟阵都有自己的次序、自己的队形。它们沿非洲海岸飞行，经过地中海，再沿比利牛斯半岛、比斯开湾海岸，经过一个个海峡、北海和波罗的海。

  它们在途中遇到许多障碍和灾难。浓雾常常像墙壁一样挡在展翅高飞的漂泊者面前。在湿气重重的黑暗中鸟类会迷路，在看不见的尖锐山崖上猛地一下被撞得粉身碎骨。

  海上的风暴会折断它们的羽毛，击伤翅膀，吹得它们远离海岸。

骤然而至的寒流会使海水结冰，于是候鸟因饥饿和寒冷而死亡。

它们中数以千计的同类死于贪婪的猛禽之口：鹰、隼和鹗鹰。

大量的猛禽在这时盘旋在这条万里海途的上空，以便靠这里丰盛而轻易可得的猎物大饱口福。

数以千百计的候鸟在猎人的枪口下落地。

然而，没有任何东西能阻挡密密匝匝的一群群飞行漂泊者的行程；它们穿越重重迷雾，飞越种种障碍，飞向故乡，飞向自己的巢穴。

我们这儿并非所有的候鸟都是在非洲越冬并按波罗的海航线飞行的。另有一些候鸟是从印度飞来我们这里的。扁嘴瓣蹼鹬越冬的路更远：在美洲。它们赶往我们这儿要飞越整个亚洲。从它们冬季的住处到它们在阿尔汉格尔斯克郊外的巢穴，得飞行15000公里。飞行时间长达两个月。

林间纪事

道路泥泞时期

城外的道路一片泥泞：在林中和村里的路上既行不得雪橇，又走不得马车。我们好不容易才得到来自林区的消息。

从雪下露出的浆果

在林区沼泽上，从积雪下面露出了红莓苔子果。乡下的孩子们常去采摘，说经冬的浆果比新长的更甜。

冬季鱼儿干什么

冬季鱼儿也睡觉了。

拟鲤鱼、圆腹雅罗鱼、红眼鱼、雅罗鱼、赤梢鱼、圆鳍雅罗鱼、梅花鲈和梭子鱼都大群大群地聚集在最深的地方过冬。野鲤鱼和欧鳊鱼藏身在长满芦苇的水湾。

鲄鱼和欧鲌鱼睡在水底沙滩的坑里。

鲫鱼钻进淤泥里过冬。

在极其寒冷的天气，在冰上没有出气孔的地方，你要把冰砸出个窟窿，因为空气不足鱼儿会闷死。

鱼类越冬苏醒以后就从藏身的坑中出来，进入产卵期：把卵撒到水里。

为昆虫而生的圣诞树

黄花柳花儿正盛开。它那多节疤的灰绿色粗枝上挂满了轻盈亮丽的黄色小球。这时整棵树变得毛茸茸、轻飘飘的，喜气洋洋。

柳树开花，这对昆虫来说可是过大节了。在盛装的灌木旁闹闹嚷嚷，一派喜气，和圣诞树上一个样。熊蜂嗡嗡叫个不停，没头没脑的苍蝇忙忙碌碌，务实的蜜蜂在雄蕊的丝状体上爬来爬去，采集花粉。

蝴蝶在翩翩起舞。看，这是翅膀有开口的黄粉蝶，那是棕红色大眼睛的荨麻蛱蝶。

这时，一只长吻蛱蝶飞下来停到毛茸茸的黄色小球上，把它藏到了自己深色的翅膀下。它伸出长长的吻管，在雄蕊的深处搜寻花蜜。

紧傍着这棵喜气洋洋充满节日气氛的灌木的，是另一棵树，也是黄花柳，也正开着花。然而这棵灌木上的花却完全是另一种模样：其貌不扬，是灰灰绿绿、乱蓬蓬的小疙瘩。那上面也停着昆虫。然而这棵灌木的四周没有邻近那棵周围的那种蓬勃景象。可是恰恰在这棵小树上黄花柳的种子正在成熟。昆虫已经从黄色的小球上把黏稠的花粉带到灰灰绿绿的小疙瘩上。在小疙瘩里，在每一个像酒瓶似的长长的雌蕊内部将生长出种子。

H. 帕甫洛娃

林中清洁工

常有因突如其来的严寒而冻死的鸟类与小兽，它们被积雪覆盖了。到春天它们就露了出来，不过不会躺太久：它们很快就会被熊、狼、乌鸦、喜鹊、葬甲虫、蚂蚁，还有其他林中清洁工收拾了。

它们是春花植物吗

现在已经能找到许多开花的植物：三色堇、荠菜、遏蓝菜、繁缕、洋甘菊。

但是，别以为所有这些草本植物都跟那雪莲一样能及时地从土里钻出来。雪莲先把绿色的小腿稍稍站定，然后用尽自己那小小的力气往上生长，这时它的花儿才露了面。

三色堇、荠菜、遏蓝菜、繁缕和洋甘菊根本没有到任何地方去躲避冬天。它们怒放着鲜花勇敢地迎接冬天。一旦它们头顶重新露出的蔚蓝天空替代了冰雪交加的寒流，它们就清醒了，它们的花朵和蓓蕾也生机盎然了。

现在，在草丛里以怒放的姿态望着我们的花朵，正是我们在深秋见过的这些草本植物长在草茎上的花蕾。

可是怎么看呢，它们是春花植物吗？

H. 帕甫洛娃

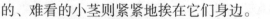

款 冬

小丘上早已出现一簇簇款冬的小茎，每一簇就是一个小家庭。比较年长的小茎形态苗条，高高地擎着头状花序，而一些小小的、粗粗的、难看的小茎则紧紧地挨在它们身边。

它们俯首弯腰地站着，样子着实可笑，似乎望着这世界感到含羞，脸红。

每一个小家庭都是从地下的根状茎长出来的，从秋季起根状茎里就储备了养料。现在储备的养料正在消耗，但是保障整个花期的支出应是绰有余裕。不久每一个花序将化为呈黄色放射状的花朵，确切地说不是花朵，而是花序，由彼此紧紧相依的小花汇集而成的一个整体。

当这些花开始凋谢的时候，从根状茎里长出了叶子，这些叶子开始忙自己的事——重新往根状茎里储藏养料。

H. 帕甫洛娃

白色的寒鸦

在小雅里奇基村的学校旁边有一只白色的寒鸦，它就在一般的寒鸦群里飞翔。这样的白寒鸦连老人们都未曾见过。我们小学生不知道为什么会有这样一只白色的寒鸦。

驻林区记者：小学生波里娅·西妮曾娜

盖拉·马斯洛夫

编辑部的解释

一般的飞禽和走兽有时会生下全白的小鸟和幼崽。

科学家称它们为"患白化病动物"。白化病通常有全白（全身都白）和非全白（部分变白）之分。它们的机体里缺乏一种染色物质——色素。这种物质能使皮毛和羽毛具有色彩。

在家养动物中患白化病的很多，有白的兔子，白的母鸡和公鸡，白的大小老鼠。

野生动物患白化病的极少见。

患白化病的野生动物存活要困难一千倍。往往在还幼小的时候，它们的父母就把它们杀死了。它们往往终生都受到整个种族的迫害和打杀。但是即使亲属在自己社会里接纳了这些畸形儿，就如小雅里奇基村的白寒鸦那样，患白化病的动物仍然很难长久存活：它在所有动物的众目睽睽之下很显眼，首先是对凶猛的禽兽而言。

鸟邮快信

（本报驻林区记者来信）

洪　水

　　春季给森林里的居民带来许多灾难。雪很快化完了，河水泛滥，淹没了两岸。有许多地方真的令人急得跺脚。四面八方关于洪水淹死动物的消息都传到了我们这儿。受灾最重的是兔子、鼹鼠、田鼠和其他住在地上与地下的小兽。河水涌进了它们的住所，小兽们被迫逃离家园。

　　每一只小兽都尽其所能地从洪水中逃命。

　　小小的鼩鼱跳出洞穴，爬上了灌木丛。它蹲在上面等待着洪流涌退。它的样子非常可怜，因为忍饥挨饿。

　　河水漫上岸时，鼹鼠在自己地下的洞里差点被淹死。它从地下爬了出来，潜出水面，开始泅水去寻找旱地。

　　鼹鼠是泅水高手。它在爬上岸之前能泅游几十米。它很得意，因为在水面没有任何一只猛禽发现它乌黑发亮的皮毛。

　　上岸以后它又顺利地钻进了土里。

树上的兔子

以下就是发生在兔子身上的事。

　　兔子住在一条大河中间的小岛上。夜间它啃食年轻的山杨树的皮，白天躲在灌木丛里，以免被狐狸和人类发现。

这还是一只相当年轻、不太机灵的兔子。

它根本没有注意到河水在噼里啪啦地抛卸身上的冰块。

那一天，兔子放心地在自己的灌木丛下睡觉。太阳照得它暖洋洋的，这只斜眼佬没有发现河水开始迅猛上涨，直到自己皮毛从下面被打湿时它才醒过来。

它猛然跳起，四周已成泽国。

发大水了。兔子把四脚踩在水里，急忙跑到岛中央：那里还是干的。

然而河里的水涨得很快，小岛变得越来越小，兔子在两头来回辗转。它看到很快整座小岛就要消失在水下，但是不敢跳进寒冷汹涌的波浪里：它恐怕不能游过波浪滚滚的大河。

就这样度过了整整一个白天和一个夜晚。

第二天早上，水里只露出了一个小小的岛尖，上面长着一棵歪歪扭扭的大树，吓得六神无主的兔子围着树干跑圈儿。

到第三天水已浸到树下。兔子开始往树上跳，但每一次都跌落下来，踩在水里稀里哗啦直响。

终于它成功地跳上了下面的一根粗枝条。兔子趴在上面，开始等洪水退去：河水没有再往上涨。

它倒不怕饿死：虽然老树皮很硬很苦，但仍然能聊以果腹。

更可怕的是刮风。风剧烈地摇撼着这棵树，兔子好不容易在树枝上稳住自己。它犹如船舰上爬上桅杆的水手：它身下的树枝仿佛是摇曳的横桁，而下面是奔腾而去的既深且冷的流水。

在它下方，浩渺的河面上漂浮着原木、树枝、麦秸和动物的尸体。

当另一只兔子轻轻地随着波浪摇晃着，徐徐漂过它的身旁时，可怜的兔子吓得浑身发抖。

那只兔子的爪子搅进了枯枝里面，现在肚皮向上，伸开了四个爪子和枯枝一起在水上漂流。

兔子在树上待了三天。

终于河水退了，于是它跳到了地上。

就这样，它现在还得住在河中的岛上，直到炎夏来临。夏季河水变浅，它就能到达岸上了。

小船上的松鼠

在被春汛淹没的草地上，渔夫放置了捕欧鳊鱼的网兜。他划着小船，徐徐穿行于从水里露出头的灌木丛间。

在其中的一丛灌木上，他发现了一个奇怪的略带棕色的蘑菇。突然蘑菇纵身一跳——直接向着渔夫落进了小船。

在船上，它立马变成了一只湿漉漉、皮毛蓬乱的松鼠。

渔夫把它送到了岸边。松鼠立马从船上跳了出去，跳进了森林。它怎么到水中灌木丛上的，在上面待了多久，谁也不知道。

农事纪程

积雪刚化完，集体农庄庄员们开着拖拉机到了地里。拖拉机耕地，拖拉机耙地，假如给拖拉机装上钢铁的爪子，它还能把树墩连根拔出来，给田野清理出新的土地。

拖拉机后面，蓝黑色的白嘴鸦、灰色的乌鸦务实地从一只脚到另一只脚交替地跨步走着，两肋呈白色的喜鹊跳跃着：犁和耙从地里翻出了蚯蚓、甲虫和它们的幼虫，这可是鸟类喜爱的小吃。

土地耕过、耙过以后，拖拉机就带着播种机在地里走了。从播种机里均匀地播撒出精选过的种子。

我们这里最先播种的是亚麻，然后是柔嫩的小麦，接着是燕麦和大麦——春播粮食作物。

秋播粮食作物——黑麦和冬小麦现在已长到离地面足足有四分之一俄丈①高了：它们在秋季播的种，长出了苗，在雪下越冬后，现在正迅速地长个儿。

在清晨和傍晚，在欢乐的绿荫丛中，既不像是大车的吱吱作响，

① 1俄丈等于2.134米。

又不像是硕大的蝈蝈在嚯嚯鸣叫：

"契尔—维克！契尔—维克！"

不过这不是大车，也不是蝈蝈，这是田野里美丽的公鸡——灰色的山鹑在叫。

它一身灰色，夹着白色花纹，颈部和两颊是橙黄色的，眉毛是红的，脚是黄的。

在绿荫深处的一个地方，它的妻子——雌山鹑已经在为自己筑巢了。

牧场上新鲜的嫩草已开始变绿。这时天刚放亮，农舍里集体农庄的孩子们已经被响亮的马嘶、牛哞、羊咩吵醒了：牧人开始把牛群和羊群赶往牧场。

有时，可以看到马背和牛背上奇怪的骑士：寒鸦和椋鸟。奶牛在走着，而小小的飞行骑士却在用喙啄它的背，一啄，再啄！奶牛可以用尾巴像赶苍蝇一样把它从背上扫下去，但是它没有赶，而是容忍着。为什么？

道理很简单：小小的骑士身体不重，却给它带来好处。椋鸟和寒鸦从牛马的毛皮里啄出牛虻的幼虫和苍蝇产在擦破和受伤处的蝇卵。

毛茸茸的胖熊蜂早已苏醒，在嗡嗡叫着，亮晶晶的瘦黄蜂在飞舞。该是蜜蜂登场的时候了。

农庄庄员们把冬季放在越冬蜂房和地窖里的蜂箱取出来，放到养蜂场。长着金色翅膀的小蜜蜂从蜂箱的出入口爬出来，在阳光下停上一会儿，等晒暖了身子，舒展一下肢体，就飞去采集花中甜蜜的液汁，采集第一批蜂蜜了。

农庄里的植树造林

我们州的集体农庄春季要种植几千公顷的森林。在许多地方每年要储备面积达10至15公顷的苗木圃。

塔斯社列宁格勒讯

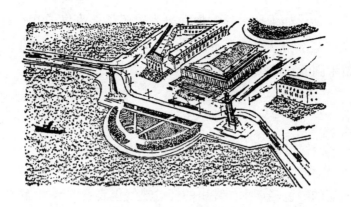

都市新闻

森林周

雪早已融化，大地也解了冻，城里和州里开始了森林周。春季种植树木和灌木的日子变成了植树节。

在学校试验园地，在花园和公园，在屋边和路上，孩子们到处在翻土，为植树准备地方。

涅瓦区少年自然界研究者活动站准备了几万枝果树的嫁接枝。

苗木圃分出两万棵云杉、白杨、枫树的树苗给斯大林区的学校。

塔斯社列宁格勒讯

森林储蓄箱

广袤的田野一览无余。为了防止风灾的侵害需要造起多少防风林！我们学校的孩子们知道国家大事——种植防风林带，所以六年级甲班的教室里出现了一只大箱子——森林储蓄箱。箱子里有枫树子，有白桦树的柔荑花序，还有结实的栗壳色橡子……孩子们把种子装在

桶里带来。比如维佳·托尔加乔夫光榛树子就收集了10公斤。到秋天，森林储蓄箱就要满得不能再满了。我们将上缴收集的所有种子，为新苗木圃的开辟打基础。

丽娜·波丽亚诺娃

在花园和公园里

透明的绿色轻烟犹如呼出的轻盈热气包裹着树木。当树叶刚开始展开，它就消散了。

出现了大而美丽的长吻蛱蝶。它全身都呈柔滑的咖啡色，带有蓝色的花斑，翅膀末端的颜色变浅，变白。

又飞来一只有趣的蝴蝶。它像荨麻蛱蝶，但比它小，色彩没那么鲜艳，咖啡色没那么深。翅膀破碎得很厉害，仿佛边缘被撕破了似的。

你把它抓来仔细观察一番。它翅膀的下缘有个白色的字母"C"。可以认为有人故意用白色小字母给这些蝴蝶做了标记。

这些蝴蝶的学名便是"白色C①"。

不久还有粉蝶出现：甘蓝菜粉蝶，白菜粉蝶。

街头的生命

每到夜晚在城郊蝙蝠就开始飞了。它们不顾行人的来来往往，只

---

① 这是拉丁文字母，不是英文字母，虽然形状相同，如用汉字注音，近似"采"的音。

在空中追捕蚊子和苍蝇。

燕子飞来了。它们在我们这里有三种：家燕，有一个开叉的长尾巴，喉部有一个棕红斑记；白腰毛脚燕，尾巴短短的，喉部呈白色；灰沙燕，灰里带红，胸部呈白色。

家燕在城郊的木头建筑上做窝，白腰毛脚燕把窝直接粘在砖石房屋上，灰沙燕则在悬崖上的洞穴里生儿育女。

雨燕不会很快跟随这三种燕子出现。它们和这些燕子很容易区别：它们在屋顶上方带着刺耳尖叫穿空而过。它们看起来全身一片黑。它们的翅膀不像这三种燕子呈尖角形，而呈半圆的镰刀形。

叮人的蚊子也出现了。

飞机上会飞的乘客

光凭均匀的嗡嗡声就可猜到飞机上有会飞的小乘客。在200个舒适的小房间——胶合板做的盒子里，住有高加索蜜蜂。飞机把800个蜜蜂家庭从库班运往列宁格勒。

H. 伊凡钦科

摘自少年自然界研究者的日记

狩猎纪事

猎天鹅

又开始了嘎嘎的叫声，引诱公野鸭的母鸭正在水面上卖力地叫喊着。但是现在它身边波浪间摇晃的是一只白天鹅。它不会叫，因为它是个标本。

野鸭大量飞来，猎人举枪射击。

突然，一种犹如远方号角的声音从上空的某个方向传到了他的耳际：

"克噜—噜，克噜—噜，噜，噜！……"

野鸭呼呼地扇动着翅膀，纷纷降落到母鸭的身边，那是整整的一群野鸭。但是猎人连看也不看一眼。

他利索地给猎枪换了弹药。他把双手按一种特殊的方式拢在一起，凑到嘴边，向手里吹气，发出了引诱的声音：

"克噜—噜，克噜—噜，噜，噜，噜！……"

在高高的天空，紧靠着云层的下方，有三个深色的点点正在变大，越变越大。号角般的鸣声听起来也越清晰、嘹亮、震耳。

　　猎人已不再和它们呼应，因为在近处装不出与天鹅叫声相似的声音。

　　现在可以看见：三只白天鹅难得扇动几下翅膀，正徐徐地向浮冰降落。在阳光下它们的翅膀闪耀着银色光辉。

　　它们越飞越低，飞着一个个大圆圈。它们从高空发现了浮冰旁的天鹅，以为是它在向它们发出呼唤。它们正向它飞来：它也许是没有了力气或者受了伤，所以掉了队。

　　它们飞了一圈又一圈……

　　猎人屏息凝神地坐着，只转动着眼睛。他在注视着巨大的白鸟伸直了长长的脖子，时而向他靠近，时而离他远去。

《森林报》编辑部

请为它们打造个窝吧

我们著名的歼灭害虫的小朋友——鸣禽——现在正为自己寻找住所，以便养育雏鸟。

我们热情地请求读者向它们伸出援手，为它们打造住所。

在树上脱落腐败枝杈的地方，形成了一个凹处。这里很容易挖深变成树洞。在腐朽的老树干上也很容易制造树洞。山雀、红尾鸲、白腹鹟和其他以树洞为巢的小鸟——小猫头鹰、黑啄木鸟等很喜欢在这样的树洞里安家。

为了那些在灌木丛做窝的小鸟，最好把灌木枝条扎成一束，就如上图所示。

请为把巢筑在浅树洞的灰鹟和红腹鸲钉一个浅树洞式的窝，就如右图所示。

请为猫头鹰和寒鸦做这样横卧式的树洞窝。

森 林 报

No.3

歌舞月
（春三月）

5月21日至6月20日

太阳进入双子星座

欢乐的五月

森林乐队

在这个月，夜莺唱得正欢，不分昼夜婉转啼鸣。

孩子们奇怪了：它什么时候睡觉哇？春天鸟类没有时间多睡，鸟类的睡眠都很短暂：只来得及在两场歌会的间隙睡一会儿，半夜一小时，中午一小时。

在朝霞升起和晚霞映天的时候，不仅鸟类，而是所有林中居民都在各尽所能地歌唱、表演。这时你能听到的既有嘹亮的歌喉，又有悠扬的琴声；既有阵阵鼓点，又有清脆笛音；既有狗吠，又有咳声；既有狂噪，又有尖叫；既有哀叹，又有嗡鸣；既有咕咕鸽叫，又有呱呱蛙鸣。

苍头燕雀、夜莺、能歌善唱的鸫鸟都放开了响亮清脆的歌喉；甲虫和螽斯唧唧啾啾叫个不停；啄木鸟敲响了自己的鼓点；黄莺和小巧的白眉鸫鸟吹起了悠扬的长笛。

狐狸和柳雷鸟哇哇大叫；狍子叫起来像咳嗽；狼在嗥；雕鹗的叫声像哀叹；熊蜂和蜜蜂嗡嗡忙个不停；青蛙咕咕咯咯放开嗓子直喊。

同样，没有歌喉的也不会难堪，每一位都按自己的口味选择相应的乐器。

啄木鸟找到了发声响亮的干树枝，这就是它的鼓。代替鼓槌的是坚硬而好使的长嘴。

天牛靠它坚硬的脖子吱吱作响，哪一点比不上小提琴的悦耳？

螽斯用自己的爪子弹拨翅膀——爪子上有小钩，而翅膀上有倒钩。

棕红的大麻鸦把长嘴戳进水里，就开始吹气！水就扑通扑通响起来，声音在整个湖面回荡，犹如公牛在哞叫。

还有田鹬，它连尾巴都会唱歌：它张开尾巴，头朝上向高处飞去，又一头向下俯冲。风儿在它的尾部嗡嗡作响，声音和小羊的咩叫丝毫不爽。

这就是森林乐队的光景。

游戏和舞蹈

鹤在沼泽地举办舞会。

它们围成一圈，于是有一只或两只鹤出队来到中央开始跳舞。

起先倒不怎么样，只是轻轻跳动着两条长腿。接着动作加大了：开始大步跳舞，而且跳出的舞步简直令人捧腹大笑！又是打转又是跳跃又是蹲跳——活脱脱像踩着高跷在跳特列帕克舞①！而围成一圈站

———————————————

① 特列帕克舞，俄罗斯民间的一种顿足跳的舞蹈。

着的那些鹤则从容不迫地扇动翅膀打着拍子。

猛禽的游戏和舞会在空中举行。

尤其别致的是鹰隼。它们向上高飞直冲云霄，在那里炫耀奇迹般的机巧本领。有时一下子耷拉下翅膀，从令人目眩的高度像石块一样向下飞坠，直到贴近地面时才张开两翼，飞出一个大圈，重新飞向云天。有时在离地面很高很高的地方停住不动——张开双翅悬着，仿佛有根线把它挂在云端。有时猛然在空中翻起了跟头，犹如名副其实的天堂丑角，向地面倒栽下来，做出一个个倒飞跟头的动作，猎猎地鼓翅翱翔。

林间纪事

最后飞临的一批鸟

春天已近尾声，在南方过冬的最后一批鸟飞临了我们的列宁格勒州。

不出我们所料，这是一些装束最为绚丽多彩的鸟儿。

如今草地上盖满了鲜花，灌木和大树也覆盖着新生枝叶的浓荫，它们很容易躲避凶猛的飞禽。

在彼得宫①的一条小溪上，出现了一只身披蓝中带翠绿又间咖啡色外衣的翠鸟，它来自埃及。

长着黑翅膀的金色黄莺，在树林里发出的叫声像悠扬的长笛和难看的女人在说话，它们来自南部非洲。

在湿润的灌木丛里出现了蓝肚皮的蓝喉歌鸲和斑驳陆离的石䳭，沼泽里出现了金黄色的鹡鸰。

飞来这里的还有肚皮颜色各不相同的红尾伯劳，毛色各异、翎毛蓬松的流苏鹬，绿中带蓝的蓝胸佛法僧鸟。

---

① 彼得宫，彼得大帝于1709年在彼得堡近郊建的皇家行宫建筑群，有大小宫殿，广袤的园林及人工瀑布和数以千计的大小喷泉，面临芬兰湾。旧译"彼得戈夫"，因原先该处的俄文名称系荷兰语（低地德语）的"彼得宫"一词的音译，1944年起正式改用俄文的"彼得宫"一词。这里现在是旅游胜地。

谁该笑，谁该哭

在林子里大家都在欢笑，白桦树却在哭泣。

在炽热的阳光下，它的汁水在白色的躯干内越来越快地流动。汁水透过树皮的孔渗到了外面。

人们认为白桦树汁是一种有益和可口的饮料。他们切开树皮，用瓶子收集树汁。

树木如果释放了太多的汁液，就会干涸、死亡，因为它的汁液就和我们的血液一样。

松鼠享用肉食美餐

松鼠整个冬季都光靠吃植物性食物生活。它剥食坚果，吃在秋季储备的蘑菇。现在已到了它享用肉食美餐的时候。

许多鸟类已经营造了自己的窝并产下了蛋，有些甚至孵出了小鸟。

这事儿对松鼠可是正中下怀：它在树枝间和树洞里寻找鸟窝，从那里叼走小鸟和鸟蛋做自己的午餐。

这种漂亮的啮齿动物在毁灭鸟窝方面做得绝不比任何一种猛禽逊色。

我们的兰花

这些令人好奇的花朵在我们北方可是稀罕之物。当你见到它们的时候，你会情不自禁地回想起它们著名的亲属——在热带丛林里生长的迷人的兰花。在那里，甚至在树上也能遇见兰花。而在我们这儿它只长在地里。

我们这儿有些兰花的根部样子很特别：像一只张开手指的胖胖的

小手。它们的花有时很美丽，有时不怎么好看。但是像香子兰、舌唇兰、红门兰这些花朵的香味却十分了得！你会因它们的香味而陶醉。

不过我们这儿的兰花中最出色的一种，我是最近几天在罗普什首次见到的。这棵我不认识的植物开着五朵美丽的大花。我把一朵花向上翻了翻，但马上厌恶地把手缩了回去。一只怪模怪样的暗红色苍蝇紧贴着花朵停在那儿。我用一个穗子向它拍打了一下。它一动也不动。我仔细观察了一番。那不是苍蝇。它有带蓝色斑点的毛茸茸的身体、毛茸茸的短翅膀和一对小胡子。反正这不是苍蝇。这是我当时还不认识的一种花——娥菲里斯蝇状兰的一部分。

H. 帕甫洛娃

寻找浆果去吧

草莓成熟了。在阳光下能随意碰到完全成熟的鲜红草莓浆果——是那么甜，那么香！你吃上一颗，以后就会长久地想念它。

黑果越橘也成熟了。在沼泽地里云莓正在成熟。黑果越橘的灌木丛上有许多浆果，而草莓的浆果一棵上难得有超过五颗的。云莓最小气：它的茎顶只长一颗浆果，而且不是每株都结果——其余的植株开的是不结果的花。

H. 帕甫洛娃

农事纪程

集体农庄的庄员们要做的事可多啦：播种以后把粪肥和矿物肥料运到地里，给粪肥覆土，为明年的秋播作物做好田头准备。接着要做菜园里的活儿：首先要种马铃薯，然后播种胡萝卜、萝卜，种黄瓜、芜菁、白菜。这时油亚麻已长高了一些，得给它除草了。

孩子们也没有在家里闲坐。无论在田头、菜园还是花园，他们都是帮手。他们能帮助大人种庄稼，除草和给树木修枝。农庄的活儿还少吗！要扎够用一年的桦树条扫帚，摘荨麻的嫩头。荨麻是用来做菜汤的：用荨麻的嫩头和酸模做的绿色菜汤好喝极了。还要捕鱼：捉欧鲌、拟鲤鱼、红眼鱼、河鲈鱼、梅花鲈、小欧鳊鱼、小雅罗鱼，捉小狗鱼用网和鱼篓，捉河鲈鱼、狗鱼、江鳕鱼用诱饵，其他的鱼用鱼竿儿钓。

晚上用大抄网（张在一个带长柄的框子上的口袋状渔网）什么样的鱼都能捕到。

夜里在岸边布放一张张捕虾的网兜，自己坐在一

联系生活，我知道大抄网的样子，这张网非常厉害，我想，他们一定能抓到很多鱼。

堆篝火旁，等虾儿聚拢来。这时就彼此讲述各式各样的事儿：有好笑的，有吓人的。

黎明的时候再也听不到田野的公鸡——灰色山鹬的声音。秋播的黑麦已长到齐人腰的高度，春播作物也生长起来了。

新森林

在俄罗斯联邦的中部和北部地带，春季植树造林工作已经结束。新造林面积在10万公顷左右。

今年春季，苏联欧洲部分的草原地区和半森林半草原地区的集体农庄种植了约25万公顷的防护林带。

与此同时，这些农庄还开辟了大量苗圃，这些苗圃将为来年提供超过10亿棵各种品种的树木和灌木的幼苗。

秋季俄罗斯联邦的林场将种植几十万公顷的新森林。

塔斯社

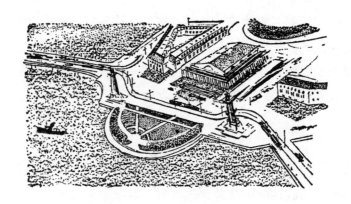

都市新闻

列宁格勒的驼鹿

5月31日清晨，在密切尼科夫医院旁边发现一头驼鹿。在城市边缘地区出现驼鹿，这已经不是第一次。正如人们所推测的，驼鹿是从弗谢沃洛斯克区的森林来到列宁格勒的。

鸟说人话

一位公民来到《森林报》编辑部，说：

"早晨我在公园里踱步，突然灌木丛里有人吹着口哨问我，而且声音是那么响亮，那么执着：'你见过特里什卡吗？'我一看：四周一个人也没有，只有一只鸟——全身一片红色，停在灌木上。我向它瞅了瞅，心里想：'这是只什么鸟，还懂叫出名堂来？它问的特里什卡是什么样的？'可它还是叫着自己那句话：'你见过特里什卡吗？'我向它跨近了一步，因为想看个究竟。它嗖地一下钻进灌木丛不见了。"

这位公民见到的鸟叫朱雀。它是从印度飞来的。它的叫声听起来确实像在提问题。不过在把它翻译成人的话语时每个人就各按自己的理解了：有人说是"你见过特里什卡吗"，也有人说是"你见过格里什卡吗"。

客自海上来

最近胡瓜鱼从芬兰湾游入了涅瓦河，它们是到涅瓦河产卵的。渔民们累得筋疲力尽，因为他们的网里装进了那么多的鱼。

胡瓜鱼产完卵又游回到大海。

采蘑菇去吧

一场温暖的好雨下过之后，你可以到城外采蘑菇去了：红菇、牛肝菌和白菇从地里钻了出来。这是夏季长出的首批蘑菇——抽穗菇。之所以这么叫是因为在它们出现时越冬的黑麦已经开始抽穗。它们不久将要消失——在夏季结束以前。

当你发现花园里丁香花开始凋谢时，你应该知道春季结束了，夏季已经开始。

有生命的云

6月10日，许多人在列宁格勒涅瓦河畔的滨河街上散步。晴空无云，天气闷热。屋子里和柏油马路上热得叫人透不过气来。孩子们使性子闹着脾气。

突然间宽阔河流的对面出现了大块灰色的云团。

大家都停住了脚步，开始瞧这云团：云团在很低的地方快速移动，低垂在水面上方，眼看着一点点大起来。

　　这时它带着簌簌沙沙的声音将散步的人群笼罩其中，此刻大家才弄明白，这不是云团，而是巨大的一群蜻蜓。

　　在一刹那间，周围的一切神奇地改变了模样。

　　由于无数翅膀的扇动，吹起了一股清凉的轻风。

　　孩子们也不再闹脾气了。他们惊讶地看着阳光透过斑斓多彩、云母般透明的蜻蜓翅膀，在空中闪烁出彩虹般的五光十色。

　　所有散步的人的脸顿时变得绚丽多彩，每一张脸上都变幻着一道道微小的彩虹，太阳的一个个光影，星火般的一个个亮点。

　　有生命的云团带着沙沙声从滨河街上空疾飞而过，升向高处，消失在楼群后面。

　　这是新生的年轻蜻蜓，它们全体立刻就结成齐心协力的群体，飞去找寻新的居住地了。至于它们在何处诞生，又在何处降落，谁也没有发现。

　　这样的蜻蜓群体在许多地方并不少见。假如你看见这样的蜻蜓群体，可要记住年轻的蜻蜓从何处飞来，又去往何处。

狩猎纪事

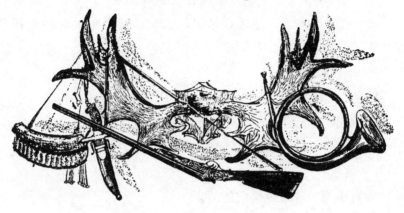

施放诱饵

狗熊常来我们周围偷鸡摸狗。有时听说在一个集体农庄里咬死了一头没下过崽的母牛，有时又听说在另一个农庄咬死了一匹母马。

在会上，塞索伊·塞索伊奇说了一句聪明话：

"既然它已冲着咱们的牲口来了，还等啥，咱们得采取措施呀。不是说加甫里奇哈家的小牛死了吗，把它给我：我用它来做诱饵。既然熊围着咱们的牲口群转，盯着不放，那它就会来上钩。要是它来了，那就别想碰一下牲口。我已想好招了。"

在我们这儿，塞索伊·塞索伊奇是个好猎手。

集体农庄把加甫里奇哈家的小牛给了他，说你干起来吧，那样我们会安宁些。

塞索伊·塞索伊奇把小牛放上大车，运到了森林里。在那里把它放在一个干净的场地，把牛尸的头部转向日出的方向。

塞索伊·塞索伊奇在本行事务中是把好手。他知道熊不碰头朝南或朝西躺着的动物尸体，因为它怀疑这是个圈套。

在尸体周围用没有去皮的白桦树木搭起一个低低的平台。离平台二十步的地方，在两棵并排的树上做了个离地约两米的观察点：用树条搭成的一个小台，夜间可以坐在上面守候野兽。

现在已万事俱备了。不过他没有爬上观察点，而是回家睡觉了。

一个星期过去了，他还在家里睡大觉。早晨他抽时间走到平台前，围着它走了一圈，卷了个漏斗形烟卷儿，抽了会马哈烟，就回家了。

我们农庄的庄员们开始取笑他。小伙儿对他眨眼睛，说：

"怎么样，塞索伊·塞索伊奇，看来还是家里的炉炕上睡得香吧？你不乐意在林子里守夜，是吗？"

他回答说：

"没有小偷，守夜也是白搭。"

他们对他说：

"可小牛犊已经发臭啦。"

他说：

"这就对啦。"

不管你对他说什么，他都不为所动。

塞索伊·塞索伊奇知道该怎么办。他还知道熊已经不是第一天围着畜群转了。只是如果眼皮底下放着一头动物尸体的话，熊不会去扑杀活的牲畜。

塞索伊·塞索伊奇知道野兽已经嗅到了小牛犊的尸体：猎人敏锐的眼睛已经发现，在放牛犊的平台四周有像人踩出的但带爪痕的脚印。但是熊还没有去动牛犊：显然它的肚子经常吃得饱饱的，它要等着吃更美味的食物——要等到动物尸体真正发出臭味的时候。这头毛茸茸的林中野兽的口味就是这样的。

死牛犊躺在林子里已经两星期了，可是塞索伊·塞索伊奇仍然在家里过夜。

终于他从脚印上看出熊已经越过平台，从牛尸上咬下一块好肉吃了。

当天傍晚，塞索伊·塞索伊奇带着猎枪爬上了观察点。

夜里林子里静悄悄的。野兽们在睡觉，鸟儿也在睡觉。

它们在睡觉，但并不都在睡觉。猫头鹰悄无声息地扇动毛茸茸的翅膀，在空中飞过：它在窥测草丛里沙沙走动的老鼠。刺猬在林间游荡，寻找青蛙。兔子在咔嚓咔嚓地啃食山杨苦涩的树皮。獾在土里寻找只有它才看得见的草根。而熊也正无声无息地向诱饵偷偷逼近。塞索伊·塞索伊奇的眼皮困得睁不开来：他习惯于在夜间这个时候沉沉酣睡。他打了个盹儿。

他身子一颤：传来咯吱一声响！……

难道这是幻觉？

不是。没有月亮，但是北方的夏夜即使没有月光也是亮的，清晰地看得见在白色桦木平台边上有一头黑黢黢的野兽。

熊已经到达美食的边上在吧嗒嘴巴了。

"别急！"塞索伊·塞索伊奇心里暗想，"我有更好的东西款待你呢——铅做的牛肉饼。"

于是他举枪仔细地瞄准了野兽左边的肩胛。

骤然而起的枪声犹如雷鸣一般在沉睡的森林里到处滚动。受惊的野兽蹦得离地半米高。獾吓得像猪一样地嚎叫着往自己洞里跑。刺猬身体卷成一个长满刺的小球。老鼠赶紧往洞穴里窜。猫头鹰不声不响地冲进一棵大云杉的漆黑阴影里。

但是万物又复归一片寂静。夜行的野兽壮大了胆子，重又操起了各自的营生。

塞索伊·塞索伊奇爬下观察点，走近平台。接着用马哈烟卷了个烟卷儿，抽了起来。他正不慌不忙地走回家去：天正在亮起来，能稍稍睡会儿觉也好。

而当整个集体农庄苏醒时，塞索伊·塞索伊奇对小伙们说：

"得啦，小子，把马车套起来，到森林里搬熊肉吧。"

熊没有碰我们的畜群。

场景和音乐

请快去看!

　　在僻静的林中,在长满野草和芦苇的小湖上,可以看到一场极其精彩的演出。为此应当在岸上为自己筑一个小窝棚,藏身其中。

　　在一个晴朗的早晨,朝霞升起的时候,有两位打扮得漂漂亮亮的演员从草丛里游了出来。这是两只鸟,它们长着出奇尖细的红嘴,羽毛蓬松的领子一直遮住了面颊,在初升的阳光下泛出亮丽的金属般光泽。这是潜鸭——鹏鹏。你好生坐着,看看它们怎么表演。

　　只见它们并排出场了,肩并着肩,犹如队列里的士兵。突然间仿佛一声令下似的:"同时鞠躬!"—— 一下子分开了。

作者运用了一连串的动作描写，把潜鸭在清晨时的活动展现在我们眼前，仿佛是在舞蹈一样，真是一道美丽的风景线。

它们又面对面彼此鞠起躬来，仿佛在跳舞似的。

接着伸长了脖子，把头向后一仰，嘴巴微张，仿佛在发表庄严的演说。突然一低头，转瞬之间两者都钻进了水里，连扑通一下的声音也没有！过了一分钟一只蹿出了水面，接着另一只也蹿了出来，把整个身子都露在水上站着，跟站在地面上似的，彼此往对方嘴里送着从水底掏来的一片片绿藻。

你按捺不住了，就对它们鼓起掌来，它们却已经不在了：消失在芦苇丛里了！

森 林 报

No.4

筑巢月
（夏一月）

6月21日至7月20日　　　　　　　　太阳进入巨蟹星座

什么动物住在什么地方

精致的家

整座森林从上到下现在都被动物的住所占满了。一处空闲的地方也没有剩下。它们住在地上，地下，水上，水下，树上，树内，草丛和空中。

空中有黄莺的家。它把用大麻纤维、草茎、毛毛和绒毛编织的小篮悬挂在离地高高的桦树枝条上。小篮子里放着黄莺的蛋。真叫人奇怪，在风儿吹得树枝东摇西晃时，这些蛋竟不会被打破。

云雀、林鹨、黄鹂和许多其他鸟类在草丛里安家。我们的记者最喜欢柳莺的小窝棚。它用干草和苔藓做成，上面有盖儿，出入口在旁边。在树里面——树洞里——安家的有飞鼠（肢间有蹼的一种松鼠）、甲虫木蠹蛾、小蠹虫、啄木鸟、山雀、椋鸟、猫头鹰和别的鸟类。

在地下安家的有鼹鼠、老鼠、獾、灰沙燕、翠鸟和各种昆虫。

凤头䴙䴘——属于潜鸟类的一种水鸟——做的是在水上漂流的窝，这种窝由一堆沼泽地的野草、芦苇和水藻构成。凤头䴙䴘趴在上面在湖面上任意漂流，就如乘着木筏一般。

在水下安家的有石蛾和水蜘蛛。

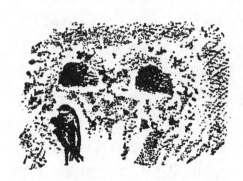

哪一种动物的家最好

我们的记者决计寻找最好的窝。看来要解答哪一种动物的家最好的问题并不那么简单。

最大的窝是鹰窝。它由粗树枝构成，安在高大粗壮的松树上。

最小的窝是黄头戴菊鸟的窝。整个窝大小像个小拳头，而且它本身的个头比蜻蜓还小。

最狡猾的窝是鼹鼠窝。它有那么多备用的通道和出口，所以你无论如何也无法从洞穴里挖

我发现作者在介绍动物的家时，把动物的家的特点都写得特别清楚，我通过每一段的关键句就可以快速了解各种动物的家的特点。

到它。

最精巧的窝是象甲虫（一种带长鼻的小甲虫）的窝。象甲虫啃食桦树叶的叶脉，树叶开始枯萎时就卷成筒状，它再用唾液将叶子粘住。在这样的筒状小屋里雌象甲虫产下自己的卵。

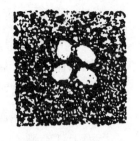

最简单的窝是剑鸻和夜鹰的窝。剑鸻把自己的四个蛋直接产在河岸上的沙里，夜鹰把蛋产在树下干树叶堆成的坑里。这两种鸟在筑巢时不用花太多的力气。

最美丽的是柳莺的窝。它在桦树枝上编织自己的窝，用地衣和轻薄的桦树皮修饰居处，再把从某一个别墅的花园里扔掉的各色花纸片编织进去作为装饰。

最安适的是长尾山雀的窝。这种鸟又叫汤勺鸟，因为样子像舀汤用的大勺子。它的窝内部用绒毛、羽毛和细毛发编织，外部则用苔藓和地衣编成。这个窝整个儿圆圆的像个小南瓜，入口也是圆圆的、小小的，位于窝的正中央。

最方便的是水蛾幼虫的窝。

水蛾是一种有翅膀的昆虫。它们在栖息的时候就把翅膀在自己背部像盖子一样叠起来，把自己整个身体都遮住。而水蛾的幼虫没有翅膀，身体是裸露的，没有东西遮蔽自己。它们生活在溪流和小河的底部。

幼虫常常找来一根火柴大小的树枝条或芦苇茎，用小沙粒在上面粘成一圆筒，将身体倒爬进里面。

这样做的结果非常方便：愿意的时候完全躲进圆筒里，尽管安安稳稳睡觉，谁也看不见；想出来的时候把前面的小脚伸出来，连同小屋一起在水底爬行，因为小屋很轻巧。

有一只水蛾的幼虫找到了一截丢弃在水底的烟卷儿的吸嘴，它就钻进里面，带着它在水底旅行。

最令人惊奇的是水蜘蛛的窝。这种蜘蛛把蛛网张在水草之间，在蛛网下方，自己毛茸茸的肚子上，它捉来许多气泡。蜘蛛就这样住在空气组成的小屋里。

公共宿舍

森林里也有公共宿舍。

蜜蜂、黄蜂、熊蜂和蚂蚁筑的巢可以容纳几百几千的居民。

白嘴鸦占据一座座花园和小树林作为自己的侨居地；鸥鸟则占据沼泽地、有沙滩的岛屿和浅滩；灰沙燕在陡峭的河岸上凿遍了自己栖身的小洞。

林间纪事

狐狸是怎样把獾撵出家门的

狐狸遭了殃：它洞穴的顶塌了下来，差点儿把小狐狸压死。

狐狸看到大事不妙，得搬到别的地方去住。

它便去找獾。獾的洞穴很气派，还是自己挖的。有多个进出口，还有应对突然袭击的备用侧洞。

它的洞很宽敞：够两个家庭居住。

狐狸恳求住进去，可獾不让进。它是个处事一板一眼的主儿，喜欢井井有条，干干净净，哪儿也不愿弄脏，怎么能让狐狸带着一群孩子住进来呢！

它把狐狸赶跑了。

"好哇，"狐狸想道，"你这么对我！行，你等着！"

它做出到森林里去的样子，其实它到了灌木丛后面，在那儿坐着等。

貛往洞外瞅了瞅，见狐狸已经不在，就去森林里找蜗牛吃了。

狐狸一下子溜进洞里，在地上拉上大便，把洞里弄得一塌糊涂，就走了。

貛回来了——老天，怎么这么臭！它懊丧地哼了一声，就出去为自己挖另一个洞了。

而狐狸要的正是这个结果。

它把幼崽拖来，开始在舒适的貛洞里过起日子。

有趣的植物

池塘水面上开始蒙上浮萍。有些人说这是水藻。但是水藻归水藻，浮萍归浮萍。浮萍是一种有趣的植物。它不像别的植物。小小的叶柄和浮在水上的绿色小瓣，小瓣上带有椭圆形凸出的边缘。这些凸出的边缘就是连接小瓣的小茎和小枝条。浮萍没有叶子。可是偶尔也会出现花朵，不过这种情况很少见。浮萍不需要开花。它的繁殖既简单又快捷。从连接小瓣的小茎上脱落一个小枝，一棵植物就变为两棵了。

浮萍日子过得既滋润又自在，什么也不能把它在一个地方拴住。旁边有一只鸭子游过，浮萍就黏附在鸭掌上，于是它就随鸭子飞到了另一个水塘。

H. 帕甫洛娃

顺应第一需求

在草甸和林间空地上，紫红色的草地矢车菊已经盛开。我见到它

就要联想起伏牛花，因为它和伏牛花一样也会耍小花招。

矢车菊开的不是一朵花，而是一个花序。它那美丽的叉状小花是无实花。真正的花在正中央。这是一个深紫红色的小管子。在这根管子里面才是雌蕊和会耍花招的雄蕊。

只要碰一下紫红色的小管子，它就向旁边一晃，于是一团花粉就从管口溜了出来。

稍过一会你再碰一下这朵小花，它又一晃，又落下一团花粉。

这就是它的全部花招！

花粉不会平白无故地四处抛撒，而是顺应每个昆虫的第一需求按份发放。拿去吃吧，把身子粘脏了，只求能把花粉带给另外一棵矢车菊，即使只有几小颗。

H. 帕甫洛娃

夜间神秘的盗贼

森林里出现了一个神秘的盗贼。森林里的居民们惶恐不安了。

每天夜里都会有几只年轻的小兔子失踪。每到夜里，无论小鹿、花尾榛鸡、母黑琴鸡、松鸡、兔子还是松鼠，谁都没有安全感。不管是树丛里的鸟儿，还是树上的松鼠，或者地上的老鼠，都不知道攻击会来自何方。神秘的杀手会突然出现，忽而来自草丛，忽而来自树丛，忽而来自树上。也许它不是孤零零的一个：说不定是整整一伙盗贼呢。

几天前森林里的一种小鹿——狍子的一个家庭：公狍、母狍和两只幼狍夜里在林间空地上吃草。公狍站在离灌木丛八步远的地方警戒，母狍带着幼崽在空地中央吃草。

突然树丛里蹿出一个黑黑的身影，直扑公狍的脊背。公狍倒下了。母狍带着幼狍逃进了林子。

早晨母狍回到林间空地时，公狍的身体只剩下一对角和四条细腿。

而昨天夜里一头驼鹿也遭遇了攻击。它正在僻静的林子里走路，看到一棵树上一根枝杈间似乎多出了一个难看的大赘瘤。

这林中的巨兽还怕谁呀？它头上有那么一对角，连熊也不敢攻击它。

驼鹿走近这棵树下，刚想抬头看个明白，究竟树杈上多出的是什么玩意儿，突然一样可怕而沉重的东西坠落到它的后颈上，那重量足足有30公斤。

驼鹿大吃一惊——当然是由于事出意外——便把头一摇，将盗贼从背上甩掉，头也不回地跑了起来。它始终不知道是谁在黑夜里向它发起了攻击。

我们的森林里没有狼，而且狼不上树。熊现在钻进了密林——正在换毛，而且它不会从树上往驼鹿的后颈上跳。究竟这神秘的盗贼是什么？

暂时还不得而知。

夜鹰蛋奇异消失

我们的记者找到了一个夜鹰窝。一个坑里放着两个蛋，当人走近时母夜鹰从蛋上飞走了。

我们的记者没有去触动这个窝，只是让自己看清楚窝所在的位置。

一小时以后他们回到了窝边，但是蛋已经没有了。

但是两天以后他们发现了蛋的去处：母夜鹰把它们含在嘴里搬到了另一个地方。它担心人会毁了它的窝。

农事纪程

黑麦长得高过了人头，已经在开花。田野里的公鸡——山鹑伴着雌鸟，带着小小的雏鸟在黑麦地里走来走去。那些雏鸟，像一个个黄色的小球在滚动：它们已从壳里孵出，离开了窝。

正是割草的时节。农庄庄员们有的在手工割草，有的把割草机开到了地里。机器在草地上前进，挥舞着空空的叶片，它的身后留下了高高的一排排多汁而芬芳的鲜草，码得平平整整，仿佛用直尺量过似的。

菜园里一垄垄地上堆着绿色的洋葱——孩子们正在搬运。

小姑娘们和小男孩们正在来来回回采浆果。森林里这个月快开始时，在阳光照到的小丘上，甜美的草莓已经成熟。现在是浆果最多的时候，在林子里，黑果越橘还有水越橘正在成熟，而在多苔藓的林间沼泽地上，饱含果核的云莓由白色变成了绿色，又由绿色变成了金黄。随意采摘吧——不论哪一种浆果！

但愿孩子们多采些，到了家里要忙活的事太多了：挑水，给整个园子浇水，给一垄垄菜地锄草。

蚊子和蚊子的区别

作者把两种不同的蚊子放在一起进行了对比，让我一下子就感觉到了疟蚊是非常危险的呢！

蚊子和蚊子不一样。一种叮过以后只觉得痒，然后起一个疙瘩。这是普通蚊子，不危险。而另一种叮过后你会打摆子，感染科学家所说的疟疾。得了这种病一会儿感到热，一会儿感到冷，又发抖、又发冷。病情减轻一两天后又会来一遍。

这种蚊子叫疟蚊。它的样子画在右边。

从样子来看两者彼此相似，但是雌疟蚊的吻（刺）两旁有触须。吻上面沾有有毒微生物。蚊子叮人时这些微生物就进入人的血液，然后就破坏它。

因此人会得病。

科学家在仔细观察了高倍显微镜下的蚊子血液后知道了这一切。用肉眼是什么也看不见的。

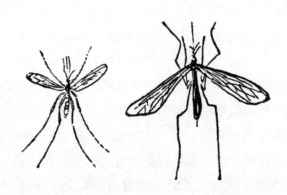

狩猎纪事

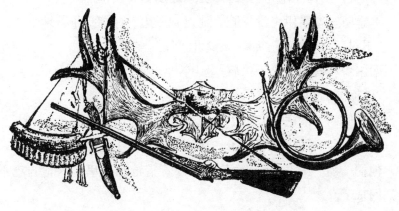

难得遇见的一件事

一件不常见的事让我们碰上了。

牧人助手从牧场跑来，喊道：

"一头没下过崽的母牛被野兽咬死了！"

农庄庄员们一片惊呼，挤奶的妇女们大哭起来。

这是我们最好的一头奶牛，在展览会上得过奖章。

大家都丢下手头的工作，跑向牧场去看个究竟。

在草场——我们那儿这样称呼放牧牲口的牧场——远处的一个角落里，森林边上，躺着被咬死的奶牛。它的乳房已被吃掉，后颈被撕碎，其余部分都完好无损。

"是熊，"猎人谢尔盖说，"它经常这样，咬死后又丢下了。然后等肉腐烂发臭了，又来吃它。"

"就是这么回事，"猎人安德烈表示赞同，"现在没什么可猜测的了。"

"大伙儿都散了吧，"谢尔盖说，"我们会在这儿树上搭一个观测

台。不是现在，而是明天夜里，说不定熊会来这儿。"

这时他们俩才想到了我们的第三位猎人塞索伊·塞索伊奇。他个子小，在人群中不显眼。

"和我们一起坐下来看守好吗？"谢尔盖和安德烈问。

塞索伊·塞索伊奇没搭腔。他走到一边，仔细打量着地上。

"不对，"他说道，"熊不来这儿。"

谢尔盖和安德烈耸了耸肩。

"随你怎么想吧。"

庄员们四下散去，塞索伊·塞索伊奇也走了。

谢尔盖和安德烈砍下树条，在就近的松树上搭观测台。

他们一看，塞索伊·塞索伊奇带着猎枪和佐里卡（他自己的猎犬）回来了。

他又仔细察看了母牛四周的地面，不知为什么还仔细地看了附近的树木。

接着他就向森林中走去。

当天夜里，谢尔盖和安德烈坐在观测台设伏。

他们坐了一夜，没见野兽出现。

又坐了一夜，还是没有。

坐过了第三夜，仍然没有。

猎人们失去了耐心。他们彼此说道：

"看来塞索伊·塞索伊奇侦察到了我们没看出来的什么东西。明摆着的事：熊没来。"

"那咱们问问他去？"

"问熊的事吗？"

"干吗问熊？问塞索伊奇。"

"另外无处可去了。只能去他那儿了。"

他们来到塞索伊·塞索伊奇家，而他刚从森林里回来。

他把一只大袋子卸到角落里，顾自清理着猎枪。

"是这么回事，"谢尔盖对安德烈说道，"你说得没错：熊没来。

这中间的原因是什么，你倒开恩说说看。"

"你们什么时候听说过，"塞索伊·塞索伊奇问他们，"熊会吃已被咬死母牛的乳房，而宁可把肉丢下的？"

两个猎人彼此交换了一下眼色：熊没做过这样的淘气事儿。

"那么地上的脚印你们看了吗？"塞索伊·塞索伊奇接着问。

"是啊，看啦。脚印的间距很宽，有四分之一俄丈。"

"那么，爪印大不大？"

两个猎人尴尬极了。

"脚印上没发现爪痕。"

"问题就在这儿。熊的脚印上你首先看到的是爪痕。现在你们说说：什么野兽走路时把爪收起来的？"

"狼！"谢尔盖胡乱答道。

塞索伊·塞索伊奇嘿了一声。

"真不愧为善辨脚印的人！"

"得了吧，你，"安德烈说，"狼的脚印和狗的一样，只是要大些，而且比较窄。倒是猫——它确实把爪收起来走路的，它的脚印是

圆的。"

"这就对了，"塞索伊·塞索伊奇说，"是猫把母牛咬死了。"

"你在笑我吧？"

"你们不相信，看看袋子里是什么。"

谢尔盖和安德烈冲过去看袋子，解开一看，是一张有棕红色花斑的大猞猁皮。

这才弄明白了，究竟是什么野兽把我们的奶牛咬死的。至于塞索伊·塞索伊奇在森林里怎么遇到猞猁，又怎么把它打死的，这只有他和他的猎狗佐里卡知道了。他们知道，却三缄其口，对谁也不说。

猞猁攻击奶牛的事一般很少见。可这事现在在我们这儿却发生了。

无线电通报

请注意！请注意！

列宁格勒广播电台，这里是《森林报》编辑部。

今天，6月22日，夏至，是一年中白昼最长的一天。我们设置了来自我国各地的无线电通报栏目。

我们呼叫冻土带和沙漠地区，原始森林和草原地区，海洋和高山地区。

请告诉我们，现在——正当盛夏时节，在一年中白昼最长、黑夜最短的日子里，你们那里正发生着什么？

————————————

请收听！请收听！

北冰洋岛屿广播电台

你们说的是什么样的黑夜？我们忘记了什么叫黑夜，什么叫黑暗。

我们这儿现在是最长的白昼：它长达整整一昼夜。太阳在天空有时升起，有时降落，但是不会在海上消失。如此情景已延续了几乎三个月。

　　天空没有变暗的时候，我们这儿的野草正以童话般的速度，不是按日计算，而是按时计算，从地里钻出来，长出叶子，开放鲜花。沼泽地里长满了苔藓。连光秃秃的岩石也盖满了各种颜色的植物。

　　冻土带复活了。

　　当然，我们这儿没有美丽的蝴蝶和蜻蜓，没有机灵活泼的蜥蜴，没有青蛙和蛇，也没有那些在冬季钻进地里，在洞穴中沉睡一冬的大小野兽。永久的冻土封住了我们的大地，即使在仲夏时节也只有表面解冻。

　　像乌云一样的蚊阵在冻土带上空嗡嗡鸣叫，但是我们这儿没有对付这些吸血鬼的歼击机——敏捷的蝙蝠。它们即使飞来这里度夏，可怎么在这里生活呢!？它们只有在傍晚和黑夜才捕食蚊子，可我们整个夏季既没有黑暗也没有黄昏。

　　我们这儿的岛屿上有不多的几种野兽。只有兔尾鼠——身体和老鼠一般大小的短尾巴啮齿动物、雪兔、北极狐和驯鹿。偶尔有硕大的白熊从海里游到我们这儿，在冻土上转悠一阵，寻找自己的猎物。

　　然而鸟儿，鸟儿在我们这儿却多得数不清！尽管所有背阴的地方都还积着雪，它们却已经以巨大的数量飞来我们这里。这里有角百灵、鹨、鹡鸰、雪鹀——所有会唱歌的鸟儿伙伴都在了。更多的是海鸥、潜水鸟、鹬、野鸭、大雁、暴风鹱、海鸠、嘴形可笑的花魁鸟和其他奇里古怪的鸟，这些鸟也许你们连听也没有听说过。

　　一片叫声、喧闹声、歌声。整个冻土带，甚至上面光秃的山崖都被鸟巢占满了。有的岩壁上成千上万的鸟巢排列在一起，岩石上所有最小的凹陷都被占据了，即使那里只能产下一个鸟蛋。喧闹声使人觉得这儿简直像个鸟类集市！如果有凶猛的杀手胆敢靠近这样的地方，鸟儿就会像乌云一样扑到它身上，叫声会震聋它的耳朵，鸟喙会将它啄死——它们不会让自己的孩子受委屈。

　　这就是我们冻土带上目前的欢乐景象。

　　你们可能会问："既然你们那儿没有黑夜，那么你们的鸟儿和野兽什么时候休息和睡觉呢？"

　　是啊，它们几乎不睡觉，因为顾不上。它们打一小会盹儿，就又开始工作了：有的给自己孩子喂食，有的筑巢，有的孵蛋。大家都有太多的事儿要操心，大家都匆匆忙忙，因为我们这儿夏天非常短暂。

　　至于睡觉，到冬天来得及把一年的觉都补回来。

乌苏里原始森林广播电台

我们这儿有非常好的森林：它既不同于西伯利亚的原始森林，也不同于某些热带丛林：这里有松树，也有落叶松，还有云杉。这里还有缠绕着有刺的藤蔓和野葡萄藤的阔叶树。

我们这儿的野兽有：驯鹿和印度羚羊，普通棕熊和黑熊，还有兔子、猞猁和豹子，还有老虎、红狼和灰狼。

鸟类有：文静温和的灰色榛鸡和美丽多彩的雉鸡，我们的灰色和白色中国鹅，嘎嘎叫的普通鸭和栖息在树上、五颜六色、美丽绝伦的鸳鸯，还有白头大喙的白鹮。

在原始森林里白天闷热，昏暗，阳光无法穿透由茂盛的树冠构成的稠密绿色幕帐。

我们这里夜晚黑漆漆的，白昼也黑漆漆的。

所有的鸟类现在都在孵蛋或哺育幼鸟，所有野兽的幼崽已长大，正在学习觅食。

请爱护朋友！

我们这儿经常有小孩子捣毁鸟巢的事，他们这样做根本没有任何理由，纯粹是调皮捣蛋。他们这样做时没有想到这会给祖国带来多少损害。科学家们测算过，每一只鸟，即使最小的，在一个夏季给我们的农业和林业能带来价值25卢布的益处。要知道每一个鸟巢里就有着4个至24个鸟蛋或幼鸟。你自己计算一下，毁坏一个鸟巢给国家造成多大损失。

孩子们！

组织起保护鸟巢的小队，不让任何人破坏它。别放猫咪进入灌木丛和树林，把它们从那里赶走，因为猫咪要捉鸟并毁坏鸟巢。你们要告诉所有人，为什么要爱护鸟类，它们多么出色地护卫了我们的森林、田地和花园，它们如何拯救我们丰收在望的庄稼免受无数难以捕捉的可怕敌害——昆虫的侵害。

森 林 报

No.5

7月21日至8月20日

育雏月
（夏二月）

太阳进入狮子星座

森林里的小宝宝

谁有几个小宝宝

在罗蒙诺索夫市城外的大森林里住着一头年轻的母驼鹿。今年它生下了一头小驼鹿。

白尾雕的窝也在那个森林里。窝里有2只幼雕。

黄雀、苍头燕雀、黄鹂各有5只幼鸟。

蚁䴕有8个小宝宝。

长尾山雀有12个小宝宝。

灰山鹑有20个小宝宝。

刺鱼窝里每一个卵产一条小刺鱼，一共有100条小刺鱼。

欧鳊鱼有几十万个小宝宝。

大西洋鳕鱼产的卵数也数不清，也许有100万颗。

动物可真能生小宝宝，不过，最厉害的还得数大西洋鳕鱼，100万个小宝宝，真是难以想象。

失去照看的宝宝

欧鳊和大西洋鳕鱼对自己的孩子根本不关心。众所周知，它们就放任那些孩子自己孵化、生活和觅食。是呀，有啥办法呢，如果你有几十万个孩子，你不可能把它们都照看到。

一只青蛙一共有1000个孩子，即使这样它也不想它们。

当然失去照看的宝宝日子过得不轻松。水下有许多贪吃的怪物，它们都喜欢吃可口的鱼子和青蛙子，幼鱼和幼蛙。在没有成长为大鱼和大蛙前，究竟有多少幼鱼、蝌蚪送命，有多少危险在威胁着它们——想起来害怕！

操心的父母

不过母驼鹿和所有母鸟，称得上是最会操心的母亲。

母驼鹿为了自己的独生子小宝宝愿意献出生命。要是熊胆敢亲自向它攻击，它马上前后开弓，四条腿又蹬又踢，将它一顿狠揍，使得米什卡①下次再也不敢靠近小驼鹿。

我们的记者有一次在田野里碰见一只公小山鹑：就在他们脚边它蹿了出来，飞也似的跑进草丛藏了起来。

他们捉住了它，它就拼命叽叽叫！不知从哪儿突然冒出了母山

---

①米什卡，俄国人名米哈伊尔的简称米沙的贱称、昵称和爱称。在俄国，人们常用米什卡或米沙作为对熊的谑称。

鹑。它看见儿子在人的手上，就急得团团转，咯咯叫了起来，匍匐到地上，拖着一只翅膀。

记者以为它负伤了，就把小山鹑丢了，赶过去看它。

母山鹑在地上一拐一拐地走着，眼看着能把它一手抓住了，但是只要你一伸手，它就蹿到了一边。他们就这样一直追着母山鹑，突然它扑棱起两个翅膀，从地面上飞了起来，若无其事地飞走了。

我们的记者回过来找小山鹑，可它连影子也没有了。这是做母亲的为了救儿子，故意假装受伤，把注意力从它身上引开。它对每个自己的小宝宝都这样呵护，可它一共才不过20个孩子呵。

反其道而行之

我们收到辽阔的祖国各地的来信，写到遇见一种很精彩的鸟的事。这个月人们见到它的地方既有莫斯科郊外和阿尔泰山区，也有卡马河畔和波罗的海，还有雅库特和哈萨克斯坦。这种鸟非常温和漂亮，好像城里出售给年轻钓鱼人的鲜亮浮子。而且它对你那么信任，即使你离它只有五步远，它仍然会游到你跟前最近的岸边，一点儿也不害怕。

其余鸟类现在都在自己窝里待着或孵小鸟，而这些鸟却成群结队聚在一起，在全国各地旅行。

奇怪的是这些色彩鲜艳的美丽小鸟都是雌鸟。其他所有鸟类都是雄的比雌的光鲜漂亮，可这些鸟恰恰相反：雄的灰不溜丢，雌的五光十色。

更叫人奇怪的是这些雌鸟一点儿也不关心自己的孩子。在遥远的北方，在冻土带，它们在坑里产下鸟蛋就——再见了！而雄鸟却留在那里孵蛋，哺育和护卫小鸟。

一切都反其道而行之！

这种鸟叫鹬——圆喙瓣蹼鹬。

到处可以碰见它：今天在这里，明天在那里。

林间纪事

小熊崽洗澡

我们认识的一个猎人在林间的一条河边走路，突然听到很响的树枝断裂声。他心中一惊，就爬上了树。

从密林里走出一头棕色大熊，来到河边。和它一起来的是两只小熊崽和一只还未离开母亲的小熊——它一岁的儿子，担负着熊保姆的职责。

母熊坐了下来。

小熊用牙齿叼着一只熊崽的后颈，把它浸到河里去。

小熊崽尖叫起来，一面挣扎着，但是小熊在它没有在水里好生洗涤一番以前就是不放开它。

另一只熊崽害怕冷水浴，就开始往林子里溜。

小熊追上了它，用手掌打了它一顿，接着和第一只一样也把它浸到了水里。

它把熊崽在水里涮呀涮呀，偶然间一松口把它落进了水里。小熊崽绝望地嚎叫起来。这时母熊在刹那之间跳了起来，把小儿子拖上了岸，将小熊狠扇了一顿耳光，打得它嗷嗷直叫。

重新来到旱地上以后，两只熊崽对洗澡感到十分惬意，因为这一天天气很闷热，穿着这一身毛茸茸的厚皮大衣，它们觉得非常热。水使它们好生凉快。

洗完澡熊又在林子里消失了，猎人便从树上下来回家去。

水下的打斗

住在水下面的娃娃也喜欢打架，就跟住在陆地上的一样。

两只小青蛙一个猛子扎到了池塘的水底下，看到那里怪模怪样、瘦瘦长长的一个北螈的蝌蚪，它有四只短爪子。

"看这可笑的丑八怪！"小青蛙想，"得教训教训它！"

一只小青蛙抓住了蝌蚪的尾巴，另一只抓住了它右面的前腿。

它们用劲一拽，腿和尾巴留在了它们那儿，蝌蚪却溜走了。过了几天小青蛙又在水下遇见了这条小北螈。现在它已经成了真正的丑八怪：在尾巴的位置长出了一只爪子，在断了爪子的地方长出了尾巴。

北螈比蜥蜴更会再生尾巴和断肢。只是有时候会

北螈是什么动物呀？我得从书本中找找答案，或者在网上查找一下资料。

乱了套，于是在断肢的部位再生了不适合长在这儿的其他东西。

别具一格的果实

能结出如此别具一格果实的老鹳草，却是一种杂草。它长在菜园里。这是一种其貌不扬、表面粗糙的植物，开的花像马林果的花，很一般。

现在一部分花已经谢了，在花的位置每一个花萼上竖起了一个"鹤嘴"。每一个鹤嘴就是五颗靠小尾巴联结的果实。它很容易分离。这就是一颗别具一格的老鹳草果实，头子尖尖，满身刚毛，长着小尾巴。长在末端的小尾巴弯成镰刀形，下面卷成螺旋状。这个螺旋状的东西遇到潮湿的空气会展开。

我把一颗果实放在掌心里，对它呵气。它开始旋转，发出声音。真的，再也没有螺旋状的东西——展开变直了。但是在掌心里放了不多一会儿，它又卷了起来。

植物干吗要玩这套把戏？原因是这样的：果实在下落时会扎进土里，可是它的小尾巴却用镰刀形末端钩在了小草上。在潮湿的天气里，螺旋状的东西展开了，于是头子尖尖的果实就扎进了土里。

它没有退路可走：小刚毛不让它回去，它们向上竖着，在土里撑住了，毫不放松。

这就是它狡猾的一招：植物自己把种子栽到了地里！

至于老鹳草的小尾巴有多么敏感，我们从这一点可以看出：从前它曾被人们用作水文测量仪——测量空气湿度的仪器。人们将果实固定不动，小尾巴就起了指针的作用，它会运动并指示刻度，表示湿度有多少。

H. 帕甫洛娃

农事纪程

收割庄稼的时间到了。家乡集体农庄的黑麦和小麦地看上去像海洋一样无边无际。高高的麦穗又壮又密，蓄含着许多麦粒。庄员们的劳动结出了硕果。不久这些谷物将会像金色的水流一样流入国家和农庄的粮仓。

亚麻也已成熟。庄员们出门去搬运亚麻。这件事是用机器来完成的。拔麻用的是拔麻机。用机器要快得多！女庄员跟在机器后面把倒下的亚麻扎成捆子，再把捆子竖着拢成垛——每十捆拢成一垛。很快田野上盖满了捆垛，仿佛一列列兵阵。

田里的公山鹑和它的母山鹑，以及它们已长大的全体小山鹑，被迫从秋播黑麦地转移到了春播作物地。

正在收割黑麦。在收割机多齿的钢锯下结实健壮的麦穗一捆接一捆地倒伏在地。男庄员们把它们扎起来，堆成垛。麦垛堆在田头，宛如列队受检阅的运动员方队。

菜地里的胡萝卜、甜菜和其他蔬菜也成熟了。庄员们把它们运往火车站，火车再运往各个城市，于是城市居民们在这些日子就能吃上可口的新鲜黄瓜、甜菜做的红菜汤、胡萝卜馅饼。

农庄的孩子们在森林采蘑菇，成熟的马林果和越橘。凡是有榛子林的地方，这些天就无法把孩子们从那里赶走：他们在采坚果，把口袋塞得满满的。

但是成人们现在顾不上坚果：需要收割庄稼，把亚麻在打谷场上脱粒，用快速联结机把所有耕过的土地耙一遍，因为很快就要播种越冬作物了。

人人都有事可做

早晨天刚亮，庄员们已经在干活了。哪儿有成年人，哪儿也就有孩子。在割草场，在田头，在菜地，他们都在帮助庄员们干活。

现在孩子们带着耙子出现了。他们迅速把干草耙拢，然后装上大车，运往农庄的干草房。

孩子们叫杂草也不得安宁：播种的亚麻田和土豆田都清除了苕草、滨藜、木贼等杂草。

到了拔亚麻的时候，孩子们比机器先到亚麻田。

他们拔除田头地角的亚麻，使拖拉机能方便地拐弯。

在割过的黑麦田里同样能找到活儿。孩子们把收割后落下的麦穗耙拢，收集起来。

普斯科夫州斯拉夫科夫区

"广阔田野"集体农庄

狩猎纪事

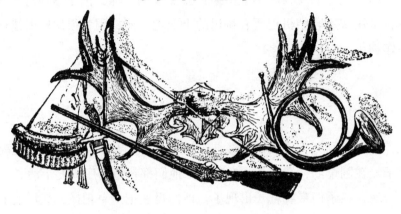

窝边捕猎

捕猎猛禽最省力的方法是在它们的窝边。但这是一种危险的捕猎方法。

为了保护幼雏，大型猛禽会大叫着直接向人冲击。人被迫在近处开枪。开枪要快，举起就打，否则可能被啄瞎眼睛。不过要找到鹰窝很困难。雕、鹞鹰、隼把自己的住处设在无法攀登的山崖上，或者莽莽林海中很高的树上。雕鸮和巨大的林鸮把巢筑在山崖和地上，在茂密的原始林里。

潜 猎

雕和鹞鹰经常停在干草垛、白柳和孤零零地耸立的枯树上窥视猎物。它们不会让人靠近。

这时就用潜伏的方法猎取，也就是从灌木丛或岩石下面偷偷靠近。子弹只能用远程步枪射击。

带雕鸮射猎

捕猎白昼活动的猛禽要带上一只雕鸮。

猎人在某地的一个小土丘上插进一个带横档的杆子，在离它几步远的地方往地里种一棵枯树，再在附近盖一个小棚子。

早晨猎人带雕鸮来到这里，让它停在带横档的杆子上，把它拴住，自己躲进棚子里。

不用等太久：只要鹞鹰或隼发现这可怕的怪物，立马就会冲向它。它们都想为夜间的被劫要敌方血债血偿。

鸟儿们一圈圈地围着它飞，向它进攻，停到枯树上向盗贼叫喊不停。

雕鸮被拴住了，只好把全身的羽毛竖起来，一面眨眼睛，一面把钩嘴啄得橐橐直响，因为它没别的办法。

怒火万丈的其他猛禽没有注意到那个窝棚。这时你就向它们开枪吧。

在漆黑的夜晚

对猛禽最有趣的射猎发生在夜晚。老雕和其他大型猛禽飞往哪里宿夜，这一点不难发现。比方说，雕就在没有山崖的地方，通常在孤立的大树顶部睡觉。

猎人选择一个比较黑的夜晚，就向着那样的一棵树出发了。

熟睡的雕不提防猎人向这棵树靠近。猎人突然把一束耀眼的灯光打到它身上，那光来自暗藏的灯火（电的或电石的，事先点亮了用盖子盖着）。雕被突如其来的光惊醒了，睁不开眼，眯了起来。它什么也看不见，根本想不出是怎么回事，停在那儿惊呆了。

而猎人在树下却看得一清二楚。他瞄准以后开了枪。

公告

请帮助无家可归的小动物

在本月——育雏月——常常会遇见坠落窝外或失去母亲的幼鸟。它趴在地上或者无可奈何地在每一棵灌木或土墩前用嘴啄着，想躲开你这个两条腿的庞然大物。但是它的腿虚弱无力，飞又没有能力，而且不知自己躲向何处。你当然会抓住它，把它捧在手上，仔细观察它，心里猜想："你是谁，小不点儿？你属于什么种类？你母亲在哪里？"

可它只会叽叽叫，叫得那么响，那么凄凉：看来它正在呼唤自己的母亲。你自己也想让它回到它妈妈爸爸身边。可是问题来了：它们是什么鸟呢？

这时你张大了嘴巴：怎么办呢？可是你还是闭上嘴，睁大眼睛吧。确实，要猜出它是什么鸟并不那么简单，因为幼鸟与自己的父母太不相像了。而且鸟爸爸和鸟妈妈还经常彼此长得很不像。不过对此你有一双火眼金睛。你仔细观察一下小鸟的脚和嘴是什么样子。然后在成年的雄鸟和雌鸟身上找寻相似的脚和嘴。父母的羽毛可能是不一样的。而小鸟身上根本不可能有羽毛，它要么全身长着茸毛，要么光着身子没毛。可是从嘴巴和爪子你马上可以认出它的父母。于是你就能把无家可归的小鸟还给了它们。

辫子鸟公黑琴鸡

之所以这么形容它是因为它的尾巴带着

两个弯曲的小辫儿。不过你别看这尾巴，因为母琴鸡的尾巴是另个样儿，而幼鸟还根本没有尾巴毛。

野鸭子和鸊鹈的区别就是脚趾间的蹼吗？还有其他区别吗？我要把它们俩放在一起好好比一比。

嘎嘎叫的野鸭子

嘴是扁平的。幼鸭和公鸭也一样。在脚趾间有蹼。好生观察这层蹼。别把鸭子和潜水的鸊鹈混淆了。

雌苍头燕雀

和所有会唱歌的鸣禽一样，苍头燕雀的幼鸟出壳时很小，光身无毛，软弱无力。苍头燕雀的父母体形、个头和尾巴彼此都相似，只是羽毛不一样。根据爪子的形状你会认出苍头燕雀的。

红脚隼妈妈

猛禽的嘴显得很凶猛——是钩形的，且有利爪。幼隼的爪子也一样。

潜水的鸊鹈

这是雄鸟。雌鸟也像它。从趾间的蹼和嘴很容易认出幼鸟——完全和鸭子不一样。

森 林 报

No.6

8月21日至9月20日

成群月
（夏三月）

太阳进入处女星座

第六期目录

森林里的新习俗

林子里的小娃娃长大了，而且爬出了窝。

春季里成双结对地住在自己地盘的鸟儿，现在带着自己的孩子满林子游荡了。

森林里的居民常常彼此到家里做客。

连凶猛的走兽和飞禽也不那么严格地守卫自己的地盘了。到处有许多可餐的野味。什么都够吃。

貂、鼬、白鼬满林子转悠，到处可以找到吃的：呆头呆脑的小鸟，不懂世故的兔崽子，粗心大意的小老鼠。

鸣禽成群结队在灌木丛和大树上漫游。

每一群都有自己的习俗。

这些习俗是这样的。

我为大家，大家为我

谁首先发现敌情，应当发出尖叫或打一声呼哨——向大家发出警报，以便整个群体立即四下分散。如果其中一员落难，整个群体就起来发出叫声或吆喝声去吓唬来敌。

成百双眼睛和成百双耳朵警惕着来敌，成百只利嘴准备着击退进攻。汇入群体的小家庭越多越好。

群体里有为娃娃们定的法则：在各方面向年长的看齐。年长的安详地啄食谷粒，你也啄食。年长的抬起了头不动了，你就装死。年长的逃跑，你也拔腿就逃。

咕尔雷！咕尔雷[①]

"听命令：咱们到了！"

鹤一只接一只地相继着陆。这里，在田野中间的教场上，年轻的鹤正在学习舞蹈、体操：跳跃、身体旋转、按节奏跳出灵巧的舞姿。还有一项训练，也是难度最大的：要把石子向上抛，再用嘴接住。

它们正准备飞向遥远的征途。

---

① 这是对鹤唳声的模拟。

林间纪事

草莓

森林边缘草莓正红。鸟儿常常寻找并叼走鲜红的草莓。它们把草莓的种子播撒到远方。不过有一部分草莓的后代会留在原地和母株一起生长。

现在这棵灌木边已经出现一条条蔓生的细茎——蔓枝。蔓枝的顶上长着小小的派生幼株:莲花形的一丛小叶和根芽。还有,在这里同一根蔓枝上有三丛叶子,第一丛已经长壮实了,第三丛——长在顶端的那丛——还没有发育全。蔓枝从母株出发向四方蔓延。应当就地在草稀之处寻找母株和去年的派生株。要是发现这种情况就好:母株在中央,派生株一圈圈地围在它四周,长成三圈。每一个圈里有三棵植株。

草莓就这样一圈接一圈地占领着土地。

H. 帕甫洛娃

读到这个标题,我在想,熊是很高大威猛的动物,它的胆量一定是很大的吧?

熊的胆量

晚上猎人从森林回到村里已经很晚。他走到燕麦地边,一看:燕麦中间黑糊糊的是什么东西在打滚?难道是牲口误入了不该去的地方?

他仔细一瞧,老天,是一头熊在燕麦地里!它肚子着地趴着，两只前爪把麦穗搂成一抱，塞到自己身子下面，吸着它的汁水。它懒洋洋地伸开四肢躺下，得意地发出呼哧呼哧的声音，看来燕麦的汁水挺对它胃口。

猎人恰好子弹没有了。只有小小的霰弹，那只适合打鸟。不过他倒是有胆量的小伙子。"唉，"他想道，"不管三七二十一，对天放一枪再说。不能让熊瞎子把农庄庄员们的生计给毁了。只要不伤着它，它就不会碰我。"

他托起了枪，突然在熊的耳朵上方响起了砰的一声。地边有一堆枯树枝，熊瞎子像小鸟一样从这堆枯枝上蹿了过去。

它头向下打了个滚，又站了起来，头也不回地往林子里跑去。

猎人嘲笑了熊瞎子的胆量，就回家去了。

可是到早晨时他想道："让我去瞅瞅，熊瞎子把地里的燕麦压坏得多不多。"他来到老地方，看到熊吓得没命逃跑的踪迹——那踪迹一直延伸到森林里。

他循迹走去，熊在那儿躺着，已经死了。

可见突发事件造成的惊吓有多厉害，况且还是森林里最强大、最可怕的野兽。

食用菇

下雨以后蘑菇又长出来了。

最好的是在松林里长的白蘑。

白蘑就是美味牛肝菌，粗粗壮壮，肉质肥厚。它的伞盖是深咖啡色的，发出的气味似乎特别好闻。

牛肝菌长在林间路上，低低的野草中间，有时直接就在车辙里。嫩的时候它样子很好看，像小线团。样子虽好，但很黏滑，所以总是粘着一些东西：有时是干树叶，有时是小草。

在同一个松林的小草地上长着松乳菇。这些松乳菇棕红的颜色很浓，老远你就看得见。而且这儿多的是！老的松乳菇几乎跟小碟子一般大，伞盖被蠕虫咬得都是小洞，菌褶有点发绿。最好的是中等大小的，比五戈比硬币稍大的那种。这些菌结实，伞盖中央凹进，边缘向上卷。

在云杉林里也有许多蘑菇。既有长在云杉树下的白蘑，也有松乳菇，不过这些蘑菇在这里跟在松林里不一样。白蘑的伞盖有光泽，带

点黄色，伞柄要细些，高些。松乳菇完全变成了和松林里两样的颜色，伞盖的上面不是棕红色，而是蓝莹莹的，略带点绿色，伞面上有一圈圈的纹路，跟树桩的年轮似的。

白桦和山杨树下又有自己的蘑菇。所以被称为"桦下菌"和"山杨树下菌"[①]。其实桦下菌生长的地方远离白桦树，倒是山杨树下菌和山杨树紧密相连。它只能生在树根上。美丽的山杨树下菌形态秀美规整，无论伞盖还是伞柄，都像经过琢磨一样。

H. 帕甫洛娃

暴风雪

昨天我们那儿湖上刮了一场暴风雪。轻盈的白色雪片在空中飞舞，向着水面纷纷降落，又升上去，团团打转，再从高空纷纷扬扬洒落下来。当时天空晴朗，烈日当头。热空气在炽热的阳光下流动。一丝风也没有。但是湖泊上空却风雪大作。

今天早晨整个湖面和岸边洒满了干燥和死亡的雪片。

这雪有点怪：在炽烈的日光下它居然不化，而且在日光照耀下没有闪光；它不寒冷而且很脆弱。

我们便去观察那些积雪。待我们走到岸边，才发现这压根儿不是雪，而是成千上万长翅膀的小昆虫——蜉蝣。

它们昨天刚从湖水中飞出。整整三年它们都生活在黑暗深处。那时它们是形象丑陋的幼虫，在湖底的淤泥中蠕动。它们从淤泥和腐臭

[①] 这两个译名只是为了传达原文的语境而照字面直译的，其实这两种菇的学名应是"鳞皮牛肝菌"和"变形牛肝菌"。

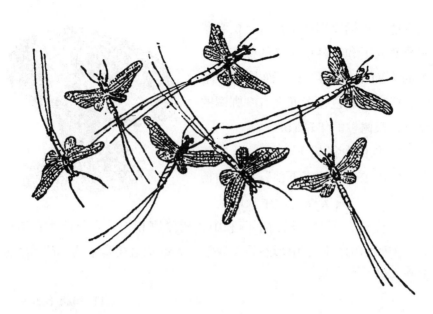

的水藻中汲取营养，从未见过阳光。

如此过了三年，整整一千多天。

就在昨天，幼虫出水爬到了岸上，蜕下讨厌的虫皮，展开轻盈的小翅膀，伸出尾巴——三根长长的细线，于是飞到了空中。

蜉蝣只有一天时间用于寻欢作乐和在空中舞蹈。所以它们又被叫做"一日飞蛾①"。

一整天它们都在阳光下舞蹈、飞翔和在空中旋转，犹如轻飘飘的雪花。雌蛾降落到水面上，把细小的卵产在水中。

然后，在太阳下山，黑暗降临时，死去的蜉蝣身体便散落在两岸和水面上。

幼虫从蜉蝣的卵里钻出，又在混浊的湖底深处度过一千个日日夜夜，直至变为长翅膀的快乐蜉蝣飞到水面上空。

---

①这是为了传递原著语境而按字面直译的权宜之计，其实俄语中该词的正规汉译仍为"蜉蝣"。本文中"蜉蝣"一名最先出现的俄文单词按字面同样是"寿命一天之蛾"的意思。语境不同，言传不易。

农事纪程

我们的各个集体农庄里收割工作已近尾声。现在田头地里正是工作最繁忙的时候。首先要把最好的粮食缴给国家。每一个农庄都急于把自己的劳动果实首先缴给国家。

农庄庄员们已经割完黑麦，开始收割小麦；割完小麦就开始割大麦；割完大麦就着手割燕麦；割完燕麦就轮到割荞麦了。

装载着粮食——集体农庄的新收成的大车成群结队地从各个农庄向各个火车站驶去。

而拖拉机一直在田间隆隆运转：秋播作物的种子已经播下，现在正在翻耕春播地，这是来年春季播种用的土地。

夏季浆果都已经过了时令，果园里苹果、梨子、李子已经成熟，森林里有许多蘑菇，长满苔藓的沼泽地上长着红艳艳的红莓苔子。乡村的孩子们用竿子打下花楸树上一串串沉甸甸的红色果子。

田间的公鸡——公山鹑和它的母山鹑还有整群的子女可倒霉了：它们刚从秋播作物田辗转进入春播作物田，现在又得在春播田里从一处向另一处边飞边跑了。

山鹑躲进了土豆地。那里已经不会有任何人碰它们了。

可是眼看着农庄庄员们又在土豆地行动起来——挖土。开动了土豆挖掘机。孩子们烧起了一堆堆篝火，在地里安上了炉子，就地边烤边吃烤得乌焦的土豆。他们每个人的脸都弄得很脏，灰不溜丢的，看上去很可怕。

灰色的山鹑又从土豆地里亡命奔逃。它们的子女也终于长大，人类已经准许对它们进行捕猎了。

得有个觅食和藏身之地，可在哪儿好呢？所有的田地庄稼都收割过了。但这时灰色的山鹑发现秋播的黑麦已经齐齐整整地长出了禾苗，有觅食和躲避猎人敏锐眼睛的地方了。

火眼金睛的报道

8月26日我在运送干草。正当车走着时我看到一堆干柴上停着一只大猫头鹰，非常专注地盯着柴堆的里面。我不由得叫停了马，对这件事产生了兴趣：为什么猫头鹰停在我的近旁而不飞走？我爬下大车，走近前去，拿起一根棍子向猫头鹰砸去。猫头鹰飞走了。它一飞走，干柴堆里就飞出几十只小鸟。它们在那里躲避自己的敌害猫头鹰。

驻林地记者：Л.鲍里索夫

狩猎纪事

猎野鸭

猎人们早就发现，当年轻的野鸭能飞起来的时候，它们就整窝整窝集在一起，成群结队地在一昼夜里从一个地方到另一个地方进行两次迁徙。白天它们钻进芦苇荡里睡觉和休息。等太阳一下山，它们就从芦苇荡里飞起来，踏上征途。

一个猎人已经守候着了。他知道它们将往田野上飞，所以在等候着它们。他站在岸上，躲在树丛里，面朝水面，对着日落的方向。

在太阳落下的地方，天际燃烧着一条宽广的光带。明亮的光带映衬出一群群野鸭黑魆魆的轮廓。它们直接向猎人的方向飞来。他很方便瞄准。不止一只鸭子被他突然发自树丛里的枪弹从鸭群中击落。

他在天全黑的时候射击。

夜里野鸭在种粮食的地里觅食。

清晨它们又飞回芦苇荡。

在它们返程的路上，一个躲在暗处的猎人在等待着。现在背对水面站着，面朝东方。

鸭群正好又撞在了猎人的枪口上。

> 联系上文，我猜野鸭在清晨飞回芦苇荡应该是安全的。这个时候，猎人应该已经不在那里了。

助　手

一整窝黑琴鸡在林间空地上觅食。它们和森林的边缘靠得比较近，以便万一有什么情况可以飞进救命的森林。

它们在啄食浆果。

一只小黑琴鸡听见了草丛里窸窸窣窣的脚步声。它抬起头，看到草丛上方悬着一张可怕的兽脸。肥厚的嘴唇耷拉着，在瑟瑟抖动。贪婪的双眼紧盯着匍匐在地的小黑琴鸡。

小黑琴鸡缩成软绵绵的一团。双方眼睛盯着眼睛，等待着下一步会怎么样。只要野兽稍有动弹，小黑琴鸡那强劲的翅膀就会扑开，把身子抛向一边，飞上去——你到空中去抓它吧。

时间一秒秒地慢慢过去。野兽的嘴脸依然悬在缩成一团的小黑琴鸡上方。鸟儿不敢起飞。野兽也不敢动弹。

突然传来一声命令：

"向前去！"

野兽冲了过去。小黑琴鸡啪啪啪地飞了起来，箭一般向救命的森林里飞去。

林子里传来一声轰鸣，一闪火光，一阵烟雾。小黑琴鸡一个跟头坠向地面。

猎人捡起它，又派遣猎狗继续前进：

"悄悄地走！再去找，拉达，再去找……"

在山杨林里

高高的云杉林里一片昏暗。

万籁寂静。

太阳才刚刚下山。猎人在默默无声、挺拔的树干之间款款而行。

前方响起了沙沙声，犹如一阵骤然而起的风吹动了树木的枝叶：那里的前方是一片山杨树林。

猎人停住了脚步。

静悄悄一片。

这时响起了滴滴答答的声音，仿佛稀疏和硕大的雨点打在了树叶上。

滴，滴，答，答，答……

猎人悄无声息地向前走去。现在离山杨林已经很近了。

滴，答，答，答……接着不响了。

树叶过于茂密，什么也看不清。

猎人停步下来，不再走动。

这两者中究竟谁更有耐心：是待在山杨林里的那一位，还是持枪躲在下面的这一位？

久久没有出声。一片静寂。

过了一会又开始了：

答，答，滴……

啊哈，你终于供出自己啦！

一个黑糊糊的东西停在树枝上，用喙在啄山杨树细细的叶柄。

猎人仔细地瞄准。于是疏于防范的年轻松鸡像一个沉重的土块飞速地向下坠落。

这是一场诚实的游戏。隐藏的是鸟儿，悄悄逼近的是猎人。

是谁发现在先？

是谁的耐心更坚定？

是谁的眼睛更锐利？

下面就是答案。

不诚实的游戏

一个猎人走在茂密的云杉林中，一条小道上。

"普尔，普尔尔尔，普尔尔尔！"

就在他脚边飞了出来——八只……十只——整整一窝花尾榛鸡。

他还来不及举枪，鸟儿已经各自飞进了茂密的云杉树的叶丛里。

最好别作努力的打算，也别想看清楚它们都在哪里停栖：就是看直了眼，你还是看不见。

猎人在紧靠小道的一棵云杉后面躲了起来。

他掏出一根小木笛，用气把它吹通了，坐到树墩上，扳上了扳机。接着把小木笛凑到嘴边。

游戏开场了。

年轻的榛鸡躲了起来，停得稳稳的。只要母亲不发来"可以出来"的信号，它们就会纹丝不动，连抖也不会抖一下。每一只鸟都停在各自的树枝上。

"比—依—依克！比—依—依克！比克—特尔尔尔！比亚季，比

亚季，比亚季捷捷列维！"①

这就是信号：可以出来……

"比—依—依克，特尔尔尔尔尔！……"

是母亲满怀信心的召唤：

"可以了，可以了，飞到这儿。"

一只小榛鸡静悄悄地从树上溜到了地面。它在听母亲的声音在哪里。

"比—依—依克，特尔尔尔尔，特尔尔尔，——在这儿呢，过来吧，过来吧！"

小榛鸡跑出来上了小道。

"比—依—依克—特尔尔尔！"

这就是母亲所在的地方：在一棵云杉后面，那儿有个树墩。

小榛鸡拼命在小道上奔跑，向着猎人直奔而来。

一声枪响，猎人又拿起了小木笛。

小木笛的哨音酷似母鸟轻细的呼唤：

"比克—比克—比克—特尔尔尔！比亚季，比亚季，比亚季捷捷列维！……"

于是又一只受骗上当的小榛鸡会乖乖地迎面奔向死亡。

---

　　① 这是模拟鸟叫声，"比亚季捷捷列维"正好是俄语中"五只花尾榛鸡"的意思，这只是作者对声音的联想，就如中国古代诗歌中把杜鹃的啼声模拟为"不如归去"一样。

公　告

请通知大家

椋鸟去哪里安身了？白天有时还能见到它们——在田野和牧场。但是夜里它们在哪里藏起了自己的身影？自从小鸟一出窝，它们早就离开了自己的窝，而且再也没有回来。

本报编辑部

我们带给读者的问候

我们是来自北冰洋岛屿和海滨的髯海豹、海象、格陵兰海豹、白熊和鲸。我们受托将读者的问候带给非洲的狮子、鳄鱼、河马、斑马、鸵鸟、长颈鹿和鲨鱼。

从北方飞经此地的鹬、野鸭和海鸥

森 林 报

No.7

9月21日至10月20日

候鸟辞乡月

（秋一月）

太阳进入天秤星座

来自林区的首份电讯

穿着靓丽多彩衣装的所有鸣禽都消失了。它们是怎么踏上征程的，我们没有看见，因为它们是夜间飞走的。

许多鸟宁愿在夜间飞行，因为这样比较安全。在黑暗中那些从林子里出来在它们飞经的路上守候的隼、鹞鹰和其他猛禽不会去惊扰它们。而候鸟在黑夜里却能找到通往南方的路途。

在遥遥海途上出现了成群结队的水鸟：野鸭、潜鸭、大雁、鹬。长翅膀的旅行者仍然在春季逗留过的地方稍作勾留。

森林里的树叶正在变黄。一只雌兔又生下了六只小兔崽。这是今年它生下的最后一胎小兔崽——秋兔。

在海湾长满水藻的岸滩上不知是谁留下了一个个的十字形印记。整个藻滩上布满一个个小十字和小点儿。我们在海湾的岸上给自己搭了一个小窝棚，我们想窥探个究竟，是谁淘的气。

我也很好奇，这个十字形印记是谁留下的呢？我想，这类动物的脚一定是十字形，脚趾之间分得很开，应该是鸟类。

林间纪事

告别的歌声

白桦树上树叶已明显地稀疏起来。早已被窝主抛弃的椋鸟窝孤独地在光秃的枝干上摇晃。

怎么回事？突然有两只椋鸟飞了过来。雌鸟溜进了窝里，在窝里煞有介事地忙活着。雄鸟停在一根树枝上，停了一会儿，在四下里东张西望……接着唱起了歌。不过它轻轻地唱着，似乎是在自娱自乐。

终于它唱完了。雌鸟飞出了椋鸟窝，得赶紧回到自己的群体中去。雄鸟跟着它也飞走了。该离开了，该离开了，不是今天走，而是明天要踏上万里征途。

它们是来和夏天在此养育儿女的小屋告别的。

它们不会忘记这间小屋，到春季还会入住其间。

摘自少年自然界研究者的日记

晶莹清澈的黎明

9月15日。一个晴朗和煦的秋日。和往常一样，我一大早就跑进花园去。

我出屋一望，天空高远深邃，清澈明净，空气中略带寒意，在树木、灌木丛和草丛之间挂满了亮晶晶的蜘蛛网。这些由极细的蛛丝织

成的网上缀满了细细小小的玻璃状露珠。每一张网的中央蹲着一只蜘蛛。

有一只蜘蛛把自己银光闪闪的网张在了两棵小云杉树的枝叶之间。由于网上缀满了冰凉的露珠，它看上去仿佛是由水晶织成的，似乎你只要轻轻一碰，它就会叮叮当当响起来。那只蜘蛛自己则蜷缩成一个小球，屏息凝神，纹丝不动。还没有苍蝇在这里飞来飞去，所以它正在睡觉。或许它真的僵住了，冻得快死了？

我用小拇指小心翼翼地触了它一下。

蜘蛛毫无反抗，仿佛一颗没有生命的小石子，掉落到地上。但是在地面上，草丛下，我看到它立马跳起来站住了，跑着躲了起来。

善于伪装的小东西！

令人感兴趣的是：它会不会回到自己的网上去？它会找到这张网吗？或许它会着手重新织一张这样的网？要知道多少劳动白费了，它又得一前一后来回奔跑，把结头固定住，再织出一个个的圈。这里面有多少技巧！

一颗露珠在细细的草叶尖儿上瑟瑟颤动，犹如长长睫毛上的一滴眼泪，折射出一个个闪亮的光点。于是一种愉悦之情也在这光点中油然而生了。

最后的洋甘菊花在路边依然低垂着由花瓣组成的白色衣裙，正在等待太阳出来给它们取暖。

在微带寒意、清洁明净又似乎松脆易碎的空气里，万物是那么赏心悦目，盛装浓抹，充满节日气氛：无论是多彩的树叶，还是由于露珠和蛛网而银光闪闪的草丛，还有那蓝蓝的溪流，那样的蓝色在夏季是永远看不到的。我能发现的最难看的东西是：湿漉漉地黏在一起、一半已经破残的蒲公英花，毛茸茸、暗淡无光灰不溜丢的夜蛾子，它的小脑袋也许有点像鸟喙，茸毛剥落得光溜溜的，都能见到肉了。而在夏天蒲公英花是多么丰满，头上张着数以千计的小降落伞！夜蛾也是毛茸茸的，小脑袋既平整又干燥！

我怜悯它们，让夜蛾停在蒲公英花上，久久地把它们捧在掌心里，凑到已经升起在森林上空的太阳下。于是它们俩——冷冰冰、湿漉漉、奄奄一息的花朵和蛾子，稍稍恢复了一点生气：蒲公英头上黏在一起的灰色小伞晒干，变白，变轻，挺了起来；夜蛾的翅膀从内部燃起了生命之火，变得毛茸茸的，呈现出了蓝蓝的烟色。可怜、难看而残疾的小东西也变好看了。

森林附近的某一个地方，一只黑琴鸡开始压低了声音喃喃自语起来。

我向一丛灌木走去，想从树丛后面隐蔽地靠近它，看看它在秋季怎么轻声轻气地自言自语和啾啾啼叫的，因为我想起了春季里它们的表演。

我刚走到灌木丛前，这只黑不溜秋的东西马上就"呼尔"一声飞走了，几乎是从我脚底下飞出的，而且声音大得很，我甚至打了个战。

原来它就停在这儿，我的身边。而我却觉得那声音很远。

这时远方号角般的鹤唳声传到了我的耳边：它们"人"字形的鹤阵正飞经森林上空。

它们正远离我们而去……

驻林地记者：维丽卡

原路返回

每个白天，每个夜晚，都有飞行的旅客上路。它们从容不迫、不露声色，途中作长时间的停留，这和春季时不一样。看来它们并不愿意辞别故乡。

返程迁徙的次序是这样的：现在是光鲜多彩的鸟儿首先起飞，最后上路的是春季最早飞来的鸟儿——苍头燕雀、云雀、海鸥。许多鸟都是年轻的飞在前面。苍头燕雀雌鸟比雄鸟早飞。谁体力好，有忍耐性，谁耽搁的时间越长。

大部分候鸟直接飞往南方，到法国、意大利、西班牙、地中海、

非洲。有一些飞往东方：经过乌拉尔、西伯利亚，到达印度，甚至美洲。数千公里的路程在它们的身下一闪而过。

等待助手

乔木、灌木和草本植物都在急急忙忙地安置自己的后代。

枫树的枝条上挂着一对对翅果。它们已经彼此分离，只待风儿把它们摘下并拖走。

盼望着风儿的还有草本植物：大蓟，在它高高的茎秆上，从干燥的小兜里伸出一束束蓬勃的淡灰色丝状小毛；香蒲，它把茎伸到沼泽里其他野草上方，茎上长着裹在棕色外衣中的梢头；山柳菊，它那毛茸茸的小球在晴朗的日子只要有些许微风随时都可飘扬四方。

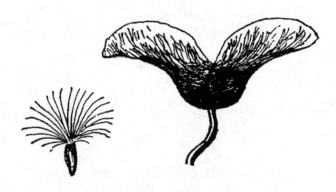

还有许多别的草本植物，它们的果实上附有或短或长，或单纯或羽状的小毛。

在收割一空的田野上，在道路和沟渠的两旁，下列植物盼望的已不是风儿，而是四脚或两脚的动物：牛蒡，它拥有带小钩的干枯篮状花序，里面塞满了有棱有角的种子；鬼针草，它有黑色的带三个角的果实，那些果实非常喜欢扎到袜子上；善于扎住东西的拉拉藤，它那圆形的小果实会牢牢地扎住或卷进衣服里，要摘下它只能连带拉下一小绺衣服上的绒毛。

H. 帕甫洛娃

来自林区的第二份电讯
（本报特派记者电）

我们已经探明是什么动物在海湾岸滩藻地上留下了十字形花纹和小点。

原来是鹬的杰作。

在水藻丛生的海湾有许多它们可以美餐的小菜馆。它们在此逗留歇脚，果腹充饥。它们在松软的水藻上迈开自己的长腿，留下三个脚趾分得很开的爪痕。而小圆点则留在它们把长长的喙戳进水藻里的地方，这样做是为了从中拖出某样活物供自己当早餐。

我们捉了一只整个夏季都住在我家屋顶上的鹬，在它脚上套了一个轻金属（铝制）脚环。在环上打着这样的文字：莫斯科。鸟类学委员会。A型195号。然后我们把鹬放了。让它戴着脚环飞行吧。如果有人在它的越冬地捉到它，我们就能从报上得知我们的鹬过冬的住处在何方。

林中的树叶已完全变色，开始下落。

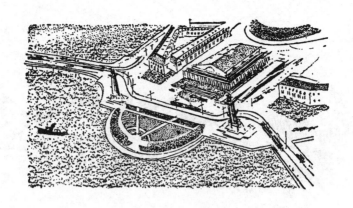

都市新闻

胆大妄为的攻击

在列宁格勒，伊萨教堂广场，光天化日之下，就在行人的眼前发生了一起胆大妄为的攻击事件。

一群鸽子从广场上飞起来。这时从伊萨教堂的圆顶上飞下一只硕大的游隼，击中了歇在边缘上的一只鸽子。鸽毛开始在空中飞舞。

行人看见大惊失色的鸽群躲到了一幢大房子的屋檐下，游隼则用利爪抓着死去的猎物，沉重地飞上教堂的圆顶。

巨大的隼迁徙的路线经过我们城市的上空。飞行的猛禽喜欢在教堂圆顶或钟楼上实施它们的强盗行径，因为这里便于它们看清猎物。

仓鼠

我们在挖土豆，突然在我们劳动的地方什么东西呜呜叫了起来。后来狗跑了过来，就在这块地旁边坐了下来，开始东闻西嗅，而这小东西还在呜呜叫个不停。于是狗开始用爪子刨地。它一面刨一面不断

地汪汪叫，因为那东西一直在对它呜呜叫。狗刨出了一个小土坑，这时勉强能见到这小东西的头部。接着狗刨出的坑很大了，便把小东西拖了出来，但是它把狗咬了一口。狗把它从自己身上抛了出去，拼命汪汪叫。这只小兽大小和一只小猫差不多，毛色灰中带黄、带黑、带白。我们这儿称它为黄鼠（仓鼠）。

驻林地记者：巴拉绍娃·马丽亚

躲藏起来

天气越来越冷了。

美好的夏季已经消逝……

血液在渐渐冷却，行动越来越软弱无力，昏昏欲睡的状态占了上风。

长着尾巴的北螈整个夏天都住在池塘里，一次也没有爬离过。现在它爬上了岸，在森林里到处游荡。它找到了一个腐烂的树墩，钻进了树皮里，在那里把身体蜷缩成一团。

青蛙则相反，从岸上跳进了池塘。它们潜到水底，更深地钻进了水藻和淤泥里。蛇、蜥蜴躲到靠近树根的地方，钻进温暖的苔藓里。

鱼儿群集在水下深深的坑里。

蝴蝶、苍蝇、蚊子和甲虫钻进了小洞、树皮的小孔、墙缝和篱笆缝里。蚂蚁把自己有着成百门户的高高城堡的门以及所有出入口统统堵了起来。它们钻进了城堡的最深处，紧紧聚作一堆，就这么静止不动了。

它们面临着忍饥挨饿的日子。

对于热血动物——兽类和鸟类来说，寒冷并不那么可怕，因为只要有食物，吃一点下去，就像炉子生了火。而冷血动物就只能忍饥挨饿了。

蝴蝶、苍蝇、蚊子都躲藏起来了，所以蝙蝠就没有了聊以充饥的东西。它们藏身于树洞、岩洞、山崖的罅隙、屋顶下的阁楼间里。它们用后腿的爪子抓住随便什么东西，头朝下把身体倒挂起来。它们用翅膀像雨衣一样把身体盖住，就入睡了。

青蛙、癞蛤蟆、蜥蜴、蛇、蜗牛都隐藏起来了。刺猬躲进了树根下自己的草窝里。獾难得走出自己的洞穴。

和平之树

不久前我们的小伙伴们向莫斯科州拉缅斯科区所有低年级的学生发出呼吁，在花园周活动期间每人种一棵和平之树。少年米丘林工作者和成年园艺工作者承诺帮助他们栽种和培育和平之树。小伙伴们将借此学习和成长，他们的和平之树也将在校园里和他们一起成长！

第四中学的学生

莫斯科州，朱可夫市

来自林区的第三份电讯

（本报特派记者电）

朝寒已经降临。

有些灌木丛的树叶已经落尽，仿佛被刀割了一般。雨水使树叶从树上纷纷下落。

蝴蝶、苍蝇、甲虫都已各自藏身。

候鸟中的鸣禽匆匆穿过小树林和幼林，因为它们已经食不果腹。

只有鸫鸟没有抱怨吃不饱肚子。它们正成群结队地扑向一串串成熟的花楸树的果实。

在落尽树叶的森林里寒风正在呼啸。树木进入了深沉的睡梦中。林中再也听不到如歌的鸟语。

农事纪程

  田间的庄稼已收割一空。粮食获得了大丰收。农庄的庄员们和城里的市民们已经在品尝用新收的粮食制作的馅饼和白面包。

  亚麻遍布于宽沟和山坡上的田野，被雨水淋湿了，被太阳晒干了，又被风吹松了。又到了把它收集起来运往打谷场的时候，该在那里把它揉压，再剥下麻皮。

  孩子们开学已经一个月了。现在没有了他们的帮忙，人们正把土豆从地里挖出来，把它运到站里，再将它埋入沙丘上干燥的土坑里贮藏起来。

  菜地里也变得空空如也。最后从地里收起的是包得紧紧的圆白菜。

  绿油油的秋播作物的田间呈现出一派生机。这是集体农庄庄员们用以接替已经收割的庄稼而为祖国的新一轮收获所做的准备，这将是一轮更为丰硕的收成。

  田间的公鸡和母鸡——灰色的山鹑已经不再以家庭为单位待在秋播作物的地里，而是结成了更大的群体——每一群有一百多只鸟。

  猎人对山鹑的狩猎很快就到了尾声。

狩猎纪事

大雁是好奇的

大雁生性好奇，这一点猎人知道得最清楚。他还知道没有比大雁更有警惕性的鸟了。

在离岸整整一公里的浅沙滩上就栖息着一大群大雁。无论你走着，爬着，还是乘船，都甭想靠近它们。它们把脑袋搁到翅膀下面，缩起一条腿，安安静静地在睡觉。

它们没什么好担心的，因为它们有站岗放哨的。在雁群的每一边都站着一头老雁，它不睡觉也不打盹儿，而是警惕地注视着四方。不妨打它们一个猝不及防！

一条狗来到了岸上，放哨的雁马上伸长了脖子。它们在观察：它打算做什么？

猎狗在岸上跑来跑去，一会儿到这边，一会儿到那边。它在沙滩上捡着什么，对大雁毫不在意。

没什么好疑神疑鬼的。可那几只大雁心里好奇：它老是前前后后地转来转去干吗？应该再靠近些瞅瞅……

一向警惕的大雁想再靠近瞅瞅，结合后面的省略号，我感觉大雁可能要遇到危险了，真替它担心。

放哨的一只雁开始摇摇摆摆地向水里走去，然后就游了起来。水波的轻声拍打还惊醒了三四只大雁。它们也看见了猎狗，也向岸边游去。

凑近了它们才看明白：从一大块岩石后面飞出一个个小面包团，有的飞向这边，有时飞向那边，都落在了沙滩上。狗儿摇着尾巴追逐着面包团。

打哪儿来的面包团？

在岩石后面的又是谁？

几只大雁越靠越近，直向着岸边贴近，把脖子伸得长长的，竭力想看得清楚些……从岩石后面跳将出来的猎人用准确的射击，使它们好奇的脑袋一下子栽进了水里。

六条腿的马

一群大雁正在田野里觅食，吃得肥肥壮壮。整个雁群都在饱餐美食，放哨的几只则站在四周警戒。它们不会让人或狗靠近。

远处的地里有马匹在走动。大雁并不害怕，因为它们都知道马是性情温和的食草动物，不会攻击鸟类。有一匹马一面揪食着又短又硬的麦茬儿，一面越来越近地向雁群走来。不过那又怎么样呢，就算它走得很近了，飞走不就得了！

这匹马有点儿怪：它有六条腿。一定是个怪胎……四条腿和一般的没什么两样，可是有两条腿却穿在裤管里。

一只放哨的雁开始訇訇地发出警报。群雁从地里抬起了头。

马儿在徐徐靠近。

放哨的那只雁展翅飞了起来，飞去侦察动静。

从高处它看见马身后躲着一个人，手里握着枪。

"咯——咯——咯，訇——訇！"侦察员发出了逃跑的警报。

整个雁群一下子开始扇动翅膀，沉甸甸地飞离地面。

懊丧的猎人追着它们开了两枪，然而距离太远，霰弹够不着。

雁群得救了。

迎着挑战的号角

这段时间每到晚上森林里就响起驼鹿挑战的响亮号角声：

"谁个不怕丢了自己的小命，出来决斗吧！"

于是一头老驼鹿从自己长满苔藓的栖息地站了起来。它那宽阔的双角长着13个新生的枝杈，它的身高有2米，体重达400公斤。

谁敢向林中第一勇士发出挑战？

老驼鹿怒不可遏地迎着挑战的号角声疾步走去，把沉重的蹄子深深地陷入潮湿的苔藓里，冲折挡路的小树。

又传来了对手挑战的号角。

老驼鹿用可怕的怒吼作出回应，那吼声是如此可怕，使一群山鹑从白桦树上啪啪地飞离而去，胆小的兔子吓得从地面上高高地蹦了起来，没命地逃进了密林。

"谁敢！……"

热血模糊了双眼。老驼鹿不管前方是否有路，直向对手冲去。树

木稀疏起来，这里就是林间空地！

它猛地一下从树间冲了出去——要用双角去抵撞，用自己沉重的身躯的挤压把敌手打垮，再用自己尖锐的蹄子践踏它的身体。

只是当枪声响起的时候，老驼鹿才发现树后面带枪的人和挂在他腰间的大号角。

驼鹿迅速向密林中跑去，因为虚弱而摇晃着身子，伤口淌着鲜血。

无线电通报

请注意！请注意！

列宁格勒广播电台，这里是《森林报》编辑部。

今天是9月22日，秋分，我们继续播送来自我国各地的无线电通讯。

我们向冻土带和原始森林，沙漠和高山，草原和海洋呼叫。

请告诉我们，现在，正当清秋时节，你们那里正在发生什么事？

————————————

请收听！请收听！

亚马尔半岛冻土带广播电台

我们这儿所有活动都结束了。山崖上夏季还是熙熙攘攘的鸟类集市，如今再也听不到大呼小叫和尖声啾唧。那一伙鸣声悠扬的小鸟已经从我们这儿飞走。大雁、野鸭、海鸥和乌鸦也飞走了。这里一片寂静。只是偶尔传来可怕的骨头碰撞的声音：这是公鹿在用角打斗。

清晨的严寒还在8月份的时候就已经开始了。现在所有水面都已封冻。捕鱼的帆船和机动船早已驶离。轮船还留在这里，沉重的破冰船在坚硬的冰原上艰难地为它们开辟前进的航道。

白昼越来越短。夜晚显得漫长、黑暗和寒冷。空中飘着雪花。

乌拉尔原始森林广播电台

一批批来客我们迎来了，送走了，又迎来了，又送走了。我们迎来了会唱歌的鸣禽。野鸭、大雁，它们从北方，从冻土带飞来我们这里。它们飞经我们这里，逗留的时间不长：今天有一群停下来休息、觅食，明天你一看，它们已经不在了，夜间它们已经不慌不忙地上路，继续前进了。

我们正在替在我们这儿度夏的鸟类送行。我们这儿的候鸟大部分都已出发，跟随正在离去的太阳走上遥远的秋季旅程——去往温暖之乡过冬。

风儿从白桦、山杨、花楸树上刮落发黄、发红的树叶。落叶松呈现出一片金黄，柔软的针叶失去了绿油油的光泽。每天傍晚原始森林中笨重的美髯公松鸡便飞上落叶松的枝头，黑魆魆的一只只停在柔软的金黄色针叶丛里，将采食的针叶填满自己的嗉囊。花尾榛鸡在

翠色褪去，金黄呈现，秋天的景象从白桦、山杨、花楸树上，随着风儿，来了。

黑暗的云杉叶丛间婉转啼鸣。出现了许多红肚皮的雄灰雀和灰色的雌灰雀、马林果色的松雀、红脑袋的白腰朱顶雀、角百灵。这些鸟也是从北方飞来的，不过不再继续南飞了：它们在这儿过得挺舒坦的。

田野上变得空空荡荡。在晴朗的日子，在依稀感觉得到的微风的吹拂下，我们的头顶上方飘扬着一根根纤细的蛛丝。到处都还有三色堇在开着花，在卫矛灌木的树丛上像一盏盏中国灯笼似的挂着美丽殷红的果实。

我们正在结束挖土豆的工作，在菜地里收起最后一茬蔬菜——大白菜。我们把大白菜贮进地窖准备过冬。在原始森林里我们采集雪松的松子。

小兽们也不甘心落在我们后面。生活在地里的小松鼠——长着一根细尾巴、背部有五道鲜明的黑色斑纹的花鼠，往自己安在树桩下的洞穴里搬进许多雪松松子，从菜园里偷取许多葵花子，把自己的仓库囤得满满当当。红棕色的松鼠把蘑菇放在树枝上晾干，身上换上了浅蓝色毛皮。长尾林鼠、短尾田鼠、水鼩都用形形色色的谷粒囤满自己的地下粮库。身上有花斑的林中星鸦也把坚果拖来藏进树洞里或树根下，好在艰难的日子里糊口。

熊为自己物色了做洞穴的地方，用爪子在云杉树上剥下内皮，作为自己的卧具。

所有动物都在做越冬准备，大家都在过着日常的劳动生活。

公　告

请赶快将无人照看的小兔子养起来

现在在森林里和田野里还可以用双手捉住小兔子，因为它们的脚还短，跑得不太快。应当用牛奶饲养它们，用鲜菜叶和其他蔬菜将它们驯养。

提　醒

饲养小兔子会使你们不感到寂寞无聊：所有兔子都是极好的鼓手。白天小兔子安安静静地待在箱子里，可到了夜里只要它用爪子一敲打箱壁，准保你会醒过来！要知道兔子是夜游的动物。

请把窝棚搭起来

请在河边、湖边和海边搭起窝棚。在朝霞和晚霞升起的时候钻进窝棚里，静静地在里面待着。守在窝棚里，在候鸟迁徙的季节可以看见许多有趣的事情：野鸭从水里爬出来，坐到了岸上，距离是那么近，甚至可以看清每一片羽毛。鹬在四周穿梭，潜水鸟在不远处一面扎猛子，一面游来游去，苍鹭飞来这里，停在了旁边。你还能见到夏季我们这里不常见的各种鸟类。

森 林 报

No.8

10月21日至11月20日

仓满粮足月

（秋二月）

太阳进入天蝎星座

准备越冬

严寒还没那么凶，可是马虎不得：一旦它降临，土地和河水刹那间就会结冰封冻。到那时你上哪儿弄吃的去？你到哪儿去藏身？

在森林里每一种动物都有自己准备越冬的办法。

有的到了一定时候张开翅膀远走高飞，避开了饥饿和寒冷。有的留在原地，抓紧时间充实自己的粮仓，贮备食物。

尤其卖力地搬运食物的是短尾巴的田鼠。许多田鼠直接在禾垛里和粮垛下面挖掘自己越冬的洞穴，每天夜里从那里偷窃谷物。

通向洞穴的通道有五六条，每一条通道有自己的入口。地下有一个卧室，还有几个粮仓。

冬季只有在最寒冷的时候田鼠才开始冬眠。所以它们要储备大量的粮食。在有些洞穴里已经贮存了四五公斤的上等谷物。

小的啮齿动物在粮田里大肆偷窃。应当防止它们偷盗快到手的粮食。

越冬的小草

树木和多年生草本植物都做好了越冬准备。一些一年生的草本植物已经撒下了自己的种子。但是并非所有一年生草本植物都是以种子形式越冬的。有些已经发芽。相当多的一年生杂草在重新锄松的菜地里已经发了芽。在光秃的黑土上看得见叶边有缺口的荠菜叶丛，还有样子像荨麻的紫红色野芝麻毛茸茸的小叶子、细小而有香味的洋甘菊、三色堇、遏蓝菜，当然还有讨厌的繁缕。

所有这些小植物都做好了越冬的准备，在积雪下面生活到来年秋季。

H. 帕甫洛娃

贮存蔬菜

短耳朵的水䶄夏天在郊外避暑，住在河边。那里有它筑在地下的一间卧室。从卧室向下斜伸出一条通道，直达水边。

现在水䶄已经筑就了一个舒适温暖的越冬居室，它远离水边，在有许多草丘的草甸上。地下有多条通道通往它的居室，长度有一百步或更长。

它的卧室里铺上了柔软温暖的干草，就在一个大草丘的下面。

仓库与卧室有特殊通道相连。

仓库里按严格的次序——按品种——堆放着水䶨从田间地头偷来、搬来的谷物、豌豆、葱头、豆子和土豆。

本身就是一座粮仓

许多野兽并不为自己修筑任何专门的粮仓。它们本身就是一座粮仓。

在秋天里它就是不停地大嚼饱餐,吃得身胖体粗,肥得不能再肥,于是一切营养都在这里了。

脂肪就是储存的食物。它形成厚厚的一层沉积于皮下,当动物没有食物时就渗透到血液里,犹如食物被肠壁吸收一样。血液则把营养带到全身。这么做的有熊、獾、蝙蝠和其他在整个冬季沉沉酣睡的所有大小兽类。它们把肚子塞得满满了,就去睡觉了。

而且它们的脂肪还能保暖:不让寒气透过。

林间纪事

小偷偷小偷

论狡猾和偷盗，森林里的长耳猫头鹰算得上是把好手，但是又出了个小偷，而且还牵着它的鼻子跑。

长耳猫头鹰的样子像雕鸮，但是个头要小。它的嘴是钩形的，头上的羽毛向上竖着，眼球突出。无论夜间有多黑，这双眼睛什么都看得见，一对耳朵什么都听得见。

老鼠在干燥的叶丛里窸窣一响，猫头鹰就出现在旁边了。嚓！于是老鼠升到了空中。似乎是一只兔子一闪间穿过了林间空地，黑夜里的盗匪已经来到它头顶。嚓！于是兔子就在利爪中挣扎了。

猫头鹰把猎获的一只只老鼠搬回自己的树洞里。它自己既不吃，也不给别的猫头鹰吃：它要珍藏起来应付艰难的时日。

白天它待在树洞里守着贮备的食物，夜间就飞出去捕猎。它自己偶尔也回来一趟，看看东西是不是都在。

忽然猫头鹰开始觉察：似乎它的贮备变少了。洞主眼睛很尖：它没学

过数数，却凭眼睛提防着。

黑夜降临了，猫头鹰感到饥肠辘辘，便飞出去捕猎。

等它回来，贮藏的老鼠一只也没有了！它发现树洞底部有一只身长和家鼠相仿的灰色小动物在蠕动。

它想用爪子抓它，可那家伙嗖地一下从小孔里钻了下去，已经在地上飞也似的跑走了。它的牙齿间叼着一只小老鼠。

猫头鹰跟着追过去，眼看要追上了，而且已经看清楚谁是小偷，但是它害怕了，便没有去要回来。小偷原来是一只凶猛的小兽——伶鼬。

伶鼬以劫掠为生，尽管是只个头很小的小兽，却极其勇猛灵巧，甚至敢和猫头鹰叫板。它用牙齿扎住对方胸脯，无论如何也不松口。

夏季又来临了吗

有时寒气逼人，冷风刺骨，有时突然开出了太阳，白天变得和煦宜人，一片安宁。这时似乎会令人觉得突然间夏季又回来了。

鲜花从草丛下面露出了头，有黄色的蒲公英、报春花。蝴蝶在空中飞舞，一群群蚊子飞舞着打转，像一个个轻飘飘的小柱子。不知从什么地方跳出一只小小的鸟儿，它小巧活泼，在树根附近，尾巴一翘就唱了起来，歌声是那么热烈响亮！

一只姗姗来迟的棕柳莺从高高的云杉上传出哀怨而委婉的歌声，轻轻地、忧伤地，仿佛落入水中的一滴滴水滴："滴滴答！滴滴答！"①

这时你会忘记：冬季已经为期不远了。

受了惊扰

池塘和住在里面的全部生灵都被冰封住了。突然又都解冻了。集体农庄庄员们决定对塘底稍稍清理一下。他们从塘里扒出一堆堆淤泥，就走了。

可太阳却一个劲儿地照着，烤着。从一堆堆淤泥里冒出了蒸汽。忽然淤泥动了起来：这时有一团淤泥跳离了泥堆，在那里滚动起来。这是怎么回事？

一个小泥团伸出了尾巴，在地上一颤一颤地抽搐着，然后就扑通一声跳回池塘，到了水里！它后面又有第二个，第三个。

另一些泥团伸出了小小的腿，开始跳离池塘。真是怪事！

其实这不是泥团，而是浑身沾满淤泥的鲫鱼和青蛙。

它们钻到池塘底部去过冬。农庄庄员们把它们和淤泥一起扔到了池塘外面。太阳烤暖了土堆，鲫鱼和青蛙就苏醒了。苏醒以后它们就跳跃起来：鲫鱼跳回了池塘，青蛙则要为自己寻找一个更为安宁的地方，别让人再把它们从睡梦中抛了出去。

---

① 这是模拟声音的词，俄语中正合"阿姨""姑妈"或"婶婶"（外语中为同一词）这个词，翻译中是很难传达的，只能先服从传声。

多美的语言啊，棕柳莺的歌声有了情感，这是在忧伤即将逝去的秋天吧？

于是，几十只青蛙仿佛约定了似的，都跳向了同一方向：它们所去的方向在打谷场和路的那一边，那里有另一个更大更深的池塘。它们已经来到路边。

不过秋日和煦的阳光是靠不住的。

阴沉沉的乌云把它遮住了。乌云下面刮起了凛冽的寒风。身上毫无遮蔽的小小旅行者冻得受不了了。青蛙勉强地跳动着，最后直挺挺地躺下了。腿脚无法动弹了。血液凝固了。青蛙一下子就冻死了。

青蛙再也不会跳跃。

不管它们现在有多少只，通通冻死了。

无论它们有多少只，大家都脑袋向同一方向躺着：都向着大路那一边，那里有一个大池塘，里面充满了温暖、救命的淤泥。

胸脯红色的小鸟

夏天有一次我在林子里走，听到稠密的草丛里有东西在跑。起先我打了个哆嗦，接着开始仔细地四下里张望。我发现一只小鸟钻进了草丛里。它个头不大，本身是灰色的，胸脯是红色的。我捧起这只小鸟，就把它往家里带。我得到这只鸟太高兴了，连脚踩在哪儿都感觉不到了。

在家里我给小鸟喂了点儿东西，它吃了点儿，显得高兴起来。我给它做了个笼子，捉来小虫子喂它。整个秋季它都住在我家。

有一次我出去玩儿，没关好笼子，我的猫就把我的小鸟儿吃了。

我非常喜欢这只小鸟。我为此还哭了鼻子，但是没有办法。

驻林地记者：格·奥斯塔宁

农事纪程

　　拖拉机不再嗒嗒作响。各个农庄亚麻的选种已经完成。运送亚麻的最后一批大车队正向火车站驶去。

　　现在农庄庄员们考虑的是来年的收成。考虑采用专业育种站为国内各农庄培育的黑麦和小麦新良种。大田作业已经不多，更多的是在家的工作。庄员们一门心思对付院子里的牲畜。

　　得把农庄的牛羊群赶进畜栏，马匹赶进马厩。

　　田间变得空空荡荡。一群群灰色的山鹑更近地向人的居住地麇集。它们在谷仓边过夜，甚至飞进了村里。

　　对山鹑的狩猎活动已经结束。有猎枪的庄员现在开始为打兔子而奔忙了。

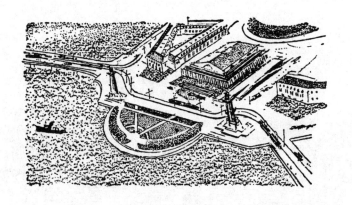

都市新闻

动物园里的消息

兽类和禽类从夏季的露天场所迁到了越冬用的住所。它们的笼子被暖气烘得暖暖的。所以任何一头野兽都没有打算进入长久的冬眠状态。

园子里的鸟没有离开鸟笼飞往任何地方，而是在一天之内从寒冷的国度进入了炎热的国家。

没有螺旋桨

这些天城市上空飞翔着一些奇怪的小飞机。

行人在街道中央停住了脚步，惊疑地仰首注视着小小的一圈圈空中的飞行队伍。他们彼此询问说：

"您看见了吗？……"

"看见了，看见了。"

"真奇怪，怎么听不见螺旋桨的声音？"

"也许是因为太高？您看它们是那么小。"

"就是往下降了也听不见。"

"为什么?"

"因为没有螺旋桨。"

"怎么会没有呢？这算什么呢，新型设计吗?"

"是鹰!"

"您开玩笑！列宁格勒哪来的什么鹰!"

"那就是金雕。它们现在是飞经这里，正向南方飞去呢。"

"原来是这样！现在我自己也看见了，一些鸟儿在打转；要不是您说，我真的以为是飞机呢。太像了！它们哪怕把翅膀扇那么一下也……"

赶紧去见识见识

在涅瓦河上施密特中尉桥边，彼得保罗要塞附近，还有别的一些地方，最令人惊奇的各种形状和颜色的野鸭已经待了几个星期了。

这里有像乌鸦一样黑色的黑海番鸭，鼻梁凸起、翅膀上有白花纹的海番鸭，斑驳陆离、尾巴像伞骨一样撑开的长尾鸭，还有黑白相间的鹊鸭。

它们对城市的喧嚣无所畏惧。

即使载货的黑色拖轮的铁质船头破浪前进，向着它们笔直冲来的时候，它们也无所畏惧。它们一个猛子扎进水里，又重新出现在离刚才的地方几十米远的水上。

这些潜水鸭都是迢迢海途上的过客。它们一年两度作客列宁格勒——春季和秋季。

当来自拉多加湖的冰开始向涅瓦河走来时，它们消失了。

鳗鱼踏上最后的旅程

大地已是一片秋色。秋色也来到了水下。

水正在一点点变冷。

老鳗鱼离开这里踏上最后的旅程。

它们从涅瓦河经过芬兰湾，经过波罗的海和德国海，进入深深的大西洋。

它们没有一条再回到度过了一生的河里。它们都将在几千米的大洋深处找到自己的坟墓。

然而在死去之前它们把卵产下了。在大洋深处并不像想象的那么寒冷：那里的温度是7摄氏度。每一颗卵都在那里孵化成了细小、像玻璃一样透明的小鳗鱼——鳗苗。亿万群鳗苗走上了遥远的征途。三年以后它们进入了涅瓦河口。

它们在这里成长，变成了鳗鱼。

狩猎纪事

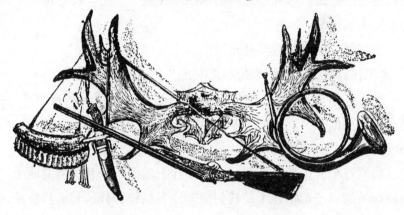

地下格斗

（本报特派记者）

离我们农庄不远的森林里有一个有名的獾洞，这是一个百年老洞。所谓"獾洞"不过是口头叫叫而已，其实它甚至不能称为洞，而是被许多代獾纵横交错地挖空的整座小丘。这是獾的整个地下交通网。

塞索伊·塞索伊奇指给我看了这个"洞"。我仔细察看了这座小丘，数出它有六十三个进出口。而且在灌木丛里，小丘下还有一些看不见的出口。

一看便知，在这个广袤的地下藏身之所居住的并非仅仅是獾，因为在有些入口旁边密密麻麻地爬满了葬甲虫、粪金龟子、食尸虫。它们在堆积于此的母鸡、黑琴鸡、花尾榛鸡的骨头上和长长的兔子脊梁骨上操劳忙碌。獾不做这样的事，也不捕食母鸡和兔子。它有洁癖：自己吃剩的残渣或别的脏东西从来不丢弃在洞里或洞边。

兔子、野禽和母鸡的骨头泄露了狐狸家族在这地下和獾比邻而居

的秘密。

有些洞被挖开了，成为名副其实的壕堑。

"都是我们的猎人做的好事，"塞索伊·塞索伊奇解说道，"不过他们是枉费心机：狐狸和獾的幼崽已经在地下溜走。在这里是无论如何也挖不到它的。"

他沉默了一会儿后又补充说：

"现在让我们试试用烟把洞里的主儿从这儿熏出来！"

第二天早上，我们三个人来到小丘边：塞索伊·塞索伊奇、我，还有一个小伙儿。塞索伊·塞索伊奇一路上和他开玩笑，一会儿叫他"烧锅炉的"，一会儿又叫他"司炉"。

我们三个人忙活了好久，除了小丘下面的一个和上面的两个，所有通地下的口子都堵住了。我们拖来许多枯枝、苔藓和云杉枝条，堆到下面的一个洞口。

我和塞索伊·塞索伊奇各自在小丘上面的一个出口边，灌木丛后面站定。"烧锅炉的"在入口边烧起一个火堆。待火烧旺，他就往上面加云杉枝条。呛人的浓烟升了起来。不久烟就引向了洞里，就像进入了烟囱似的。

当烟从上面的出口冒出来时，我们两个射手守在自己埋伏的地方感到焦躁不安。说不定机灵的狐狸先跳出来，或者肥胖而笨拙的獾先冒出来？说不定它们在地下已经被烟熏得眼睛痛了？

但是躲在洞穴里的野兽是很有耐心的。

我眼看着树丛后面塞索伊·塞索伊奇身边升起了一小股烟。我身边也开始冒烟。

现在已经不必等多久了：马上会有一头野兽一面打着喷嚏和响鼻，蹿将出来；更确切地说是蹿出几头野兽，一头接着一头。猎枪已经抵在肩头：千万别漏过了机灵的狐狸。

烟越来越浓，已经一团团地滚滚涌出，在树丛间扩散。我也被熏得眼睛生痛，泪水直淌——如果野兽被你漏过，那么正好是在你眨眼睛抹眼泪的时候。

但是仍然不见野兽出现。

举枪抵住肩头的双手已经疲乏。我放下了枪。

等啊等，小伙儿还在一个劲儿地往火堆里扔枯枝和云杉枝条。但是最终仍然不见有一头野兽蹿出来。

"你以为它们都闷死啦？"回来的路上塞索伊·塞索伊奇说，"不——是，老弟，它们才不会闷死呢！烟在洞里可是往上升的，它们却钻到了更深的地方。谁知道它们在那里挖得有多深。"

这次失手使小个儿的大胡子情绪十分低落。为了安慰他我便说起了达克斯狗和硬毛的狐狗，那是两种很凶的狗，会钻洞去抓獾和狐狸。塞索伊·塞索伊奇突然兴奋起来：你去弄一条这样的狗来，不管你想怎么弄，得去弄来。

我只好答应去弄弄看。

这以后不久我去了列宁格勒，在那里我突然走了运：一位我熟悉的猎人把自己心爱的一条达克斯狗借给我用一段时间。

当我回到乡下，把狗带给塞索伊·塞索伊奇看时，他甚至大为光火：

"你怎么，想拿我开涮？这么一只老鼠样的东西不要说公狐狸，就是狐狸崽子也会把它咬死再吐掉。"

塞索伊·塞索伊奇本人个子非常矮小，为此常觉得委屈，所以对别的小个子，即便是狗，都不以为然。

达克斯狗的样子确实可笑：小个儿，矮矮长长的身子，弯曲得像脱了臼的四条腿。但是这条其貌不扬的小狗露出坚固的犬牙，冲着无意间向它伸出手去的塞索伊·塞索伊奇凶狠地吠叫起来，意外地用力向他扑去的时候，塞索伊·塞索伊奇急忙跳开，只说了一句话："瞧你！好凶的家伙！"说完就不响了。

我们刚走近小丘，小狗儿就怒不可遏地向洞口冲去，险些把我的手拉脱了臼。我刚把它从皮带上放下，它已经钻进黑糊糊的洞穴不见了。

人类按自己的要求培育出了十分奇特的狗的品种，而达克斯狗这

种小巧的地下猎犬也许是最奇特的品种之一。它的整个身躯狭窄得像貂一样，没有比它更适合在洞穴中爬行了。弯曲的爪子能很好地抓挖泥土，牢牢地稳住身体；狭而长的三角形脑袋便于抓住猎物，能一口咬它致命。站在洞口等待受过良好训练的家犬和林中野兽在黑暗的地下血腥厮打的结果，我仍然觉得有点心里发毛。要是小狗儿进了洞回不来，那怎么办？到时我有何脸面去见失去爱犬的主人？

追捕行动正在地下进行。尽管厚厚的土层会使声音变轻，响亮的狗吠声依然传到了我们耳边。听起来追捕的叫声来自远处，不在我们脚下。

然而耳听得狗叫声变近了，听起来更清楚了。那声音因狂怒而显得嘶哑。声音更近了……突然又变远了。

我和塞索伊·塞索伊奇站在小丘上面，双手紧握起不了作用的猎枪，握得手指都痛了。狗吠声有时从一个洞里传来，有时从另一个洞里传来，有时从第三个洞里传来。

突然间声音中断了。

我知道这意味着什么：小小的猎犬在黑暗通道内的某个地方追着了野兽，和它厮打在一起了。

这时我才突然想起，在放狗进洞前我该考虑到的一件事：猎人如果用这种方式打猎，通常在出发时要带上铲子，只要敌对双方在地下一开打，就得赶快在它们上方挖土，以便在达克斯狗处境不好时能助它一臂之力。当战斗在靠近地表的地下某一个地方进行时，这个方法就可以用上了。不过在这个连烟也不可能把野兽熏出来的深洞里，就甭想对猎犬有所帮助了。

我干了什么好事呀！达克斯肯定会在那深洞里送命。也许它在那里不得不进行的厮打中，要对付的甚至不是一头野兽。

忽然又传来了低沉的狗吠声。

但是我还来不及得意，它又不叫了，这回可彻底完了。

我和塞索伊·塞索伊奇久久伫立在英勇猎犬无声的坟丘上。

我不敢离开。塞索伊·塞索伊奇首先开了腔：

"老弟，我和你干了件蠢事。看来猎狗遇上了一头老的公狐狸或者老的雅兹符克。"

我们那儿管獾叫"雅兹符克"。

塞索伊·塞索伊奇迟疑了一下又说道：

"怎么样，走？要不再等上一会儿？"

地下传来了全然出乎意料的沙沙声。

于是洞口露出了尖尖的黑尾巴，接着是弯曲的后腿和达克斯狗艰难地移动着的整个细长的身躯，身上满是泥污和血迹！我高兴得向它猛扑过去，抓住它的身体，开始把它往外拉。

随着狗从黑洞里露出的是一头肥胖的老獾。它丝毫不能动弹。达克斯狗死命地咬住它的后颈，凶狠地摇撼着。它还久久不愿放松自己的死敌，似乎在担心它死而复生。

公　告

人人能做的事

　　归还被啮齿动物从田里偷窃的上等粮食。为此只要学会找寻并开挖田鼠的洞穴。

　　本期《森林报》报道了这些害兽从我们的田间偷盗了大量精选良种的谷物，充实到它们自己的粮仓中。

请别惊扰

我们为自己准备了越冬的居室，并将在此睡到开春。

我们没有打搅你们，所以请你们也让我们安安稳稳地休息。

熊、獾、蝙蝠

森 林 报

冬季客至月

（秋三月）

No.9

11月21日至12月20日

太阳进入人马星座

会活动的鲜花

费解的行为

今天我挖开积雪，察看我的一年生植物。这是一些只能度过一春、一夏和一秋的草本植物。

但现在是秋季，我发现它们并未全部死亡。就说现在，到12月了，许多还绿油油的呢。萹蓄显得生机勃勃。这就是长在农舍边的那种乡间野草。它长着彼此纠缠的蔓生小茎（人的脚在它上面无情地摩擦）、长长的叶子和勉强看得出的粉红色小花。

生机盎然的还有低低的扎人的荨麻。夏天你可受不了它：你在整地时会因它而弄得双手都是疙瘩。可如今在12月里看着都觉得舒心。

蓝堇也保持着旺盛的生命力。你们记得蓝堇吗？这是一种美丽的小草，有着一道道细细的碎痕叶子和长长的粉红色小花，花蒂颜色深沉。你们在菜地里常会遇见它。

所有这些一年生的小草都还很有活力。不过我知道到春季它们就不复存在了。这雪下的生命究竟包含着何种意义呢？这又可作何种解释呢？我不得而知。这还需要认识。

H. 帕甫洛娃

不会让森林变得死气沉沉

凛冽的寒风在森林里作威作福。吹尽落叶的白桦、山杨、赤杨在风中摇曳，吱吱作响。最后一批候鸟正在匆匆地飞离故土。

夏季在我们这儿生息繁衍的鸟类还没有全部飞尽，冬季的来客却已光临我们的大地。

每一种鸟类都有自己的口味、自己的习惯：有的飞往他乡越冬——到高加索、外高加索、意大利、埃及、印度；有的宁愿在我们列宁格勒州过冬。它们觉得我们这儿冬季挺暖和，也有充足的食物。

客自东方来

低低的柳丛上突然开满了茂盛的白色玫瑰花。白色玫瑰花在树丛间飞来飞去，在枝头转来转去，带着有抓力的黑色爪子的细长脚爪爬遍了各处。像花瓣似的白色翼翅在熠熠闪动，轻盈悦耳的歌喉在空中啼啭。

这是云雀和白色的青山雀。

它们并不来自北方，它们经过乌拉尔山区，从东方，暴风雪肆虐、严寒彻骨的西伯利亚辗转来到我们这里。那里早已是寒冬腊月，厚厚的积雪盖满了低矮的杞柳。

该睡觉了

布满天空的灰色云层遮住了太阳。天空中纷纷扬扬落下灰蒙蒙的湿雪。

肥胖的獾气呼呼地打着响鼻，摇摇摆摆地走向自己的洞穴。它满肚子不高兴：林子里又湿又泥泞。该下到地下更深的住所，到那干燥、清洁、铺着沙子的洞穴里。该躺下睡觉了。

森林中羽毛蓬松的乌鸦——北噪鸦在密林里厮打，闪动着颜色像咖啡渣的湿漉漉的羽毛，发出尖厉的哇哇鸦声。

一只老乌鸦从高处低沉地叫了一声，因为它看见了远处的动物死尸。它那蓝黑色的翅膀一闪，飞走了。

森林里静悄悄的。灰蒙蒙的雪花沉甸甸地落到发黑的树上，落到褐色的地面上。落叶正在地面上腐烂。

雪下得越来越密。下起了鹅毛大雪，洒落到发黑的树枝上，盖满了大地……

在严寒的笼罩下，我们州的河流一条接一条地结了冰：沃尔霍夫河，斯维里河，涅瓦河。最后连芬兰湾也结了冰。

林间纪事

追逐松鼠的貂

许多松鼠游荡到了我们的森林里。

在它们曾经生活过的北方，松果不够它们吃的，因为那里歉收。

它们散居在松树上，用后爪抱住树枝，前爪捧着松果啃食。

有一只松鼠前爪捧着的松果跌落了，掉到地上，陷进了雪中。松鼠开始惋惜失去的松果。它气急败坏地吱吱叫了起来，便从一根树枝蹿到另一根树枝，一节节地往下跳。

它在地上一蹦一跳，一蹦一跳，后腿一蹬，前腿支住，就这样蹦跳着前进。

它一看，在一堆枯枝上有着一个毛茸茸的深色身躯，还有一双锐利的眼睛。松鼠把松果忘到了九霄云外。嗖地一下纵身跳上了最先碰见的一棵树。这时一只貂从枯枝堆里蹿了出来，而且紧随着松鼠追去。它迅速爬上了树干。松鼠已经到了树枝的尽头。

貂沿树枝爬去，松鼠纵身一跳！它已跳上了另一棵树。

貂把自己整个细长的身子缩成一团，背部弯成了弓形，也纵身一跳。

松鼠沿着树干迅跑。貂沿着树干在后面穷追不舍。松鼠很灵巧，貂更灵巧。

松鼠跑到了树顶，没有再高的地方可跑了，而且旁边没有别的树。

貂正在步步进逼……

松鼠从一根树枝向另一根树枝往下跳。貂在它后面紧紧追着。

松鼠在树枝的最末端蹦跳，貂在树干边较粗的枝干上跑。跳呀，跳呀，跳呀，跳！已经跳到了最后一根树枝上。

向下是地面，向上是貂。

它别无选择：只能跳到地上，再跳上别的树。

但是在地上松鼠可不是貂的对手。貂只跳了三下就将它追上，松鼠乱了方寸，于是松鼠一命呜呼了……

兔子的花招

夜里一只灰兔闯进了果园。凌晨时它已啃坏了两棵年轻的苹果树，因为年轻苹果树的树皮是很甜的。雪花落到它的头上，它却毫不在乎，依然不停地一面啃一面嚼。

村里的公鸡已经叫了一遍，两遍，三遍。响起了一声狗吠。

这时兔子忽然想到：趁人们还没有起床，得跑回森林去。四周是白茫茫的一片，它那棕红色皮毛从远处看去一目了然。它该羡慕雪兔了：现在那家伙浑身一片白。

夜间新降的雪既温暖又易留下脚印。兔子一面跑一面在雪地里踩下脚印。长长的后腿留下的脚印是拉长的，一头大一头小；短短的前腿留下的是一个个圆点。所以在温暖的积雪上每一个脚印，每一处爪痕都清晰可见。

灰兔经过田野，跑过森林，身后留下了长长的一串脚印。现在灰兔真想跑到灌木丛边，在饱餐之后睡上一两个小时。可糟糕的是它留下了足迹。

灰兔耍起了花招：它开始搅乱自己的足迹。

村里人已经醒来。主人走进果园——我的天哪！——两棵最好的苹果树被啃坏了。他往雪地里一瞧，什么都明白了：树下留有兔子的脚印。他伸出拳头威胁说：你等着！你损坏的东西要用自己的皮毛来还。

主人回到农舍，给猎枪装上弹药，就带着它在雪地里走了。

　　就在这儿兔子跳过了篱笆，这儿就是它在田野上跑的足迹。在森林里脚印开始沿着一丛丛灌木绕圈儿。这也救不了你：我们会把圈套破解的。

　　这儿就是第一个圈套：兔子绕着灌木丛转了一圈，把自己的足迹切断了。

　　这儿就是第二个圈套。

　　主人顺着后脚的脚印追踪着它。两个圈套都被他解开了。手中的猎枪随时可发。

　　慢着，这是怎么回事？足迹到此中断了，四周地面上干干净净，了无痕迹。如果兔子跳了过去，应该看得出来。

　　主人向脚印俯下身去。嘿嘿！又来了新的花招：兔子向后转了个身，踩着自己的脚印往回走了。爪子踩在原来的脚印里，你一下子辨别不出脚印被踩了两遍，这是双重足迹。

　　主人就循迹往回走。走着走着他又到了田野里。那就是说刚才看走了眼，也就是说那里它还耍了什么花招。

　　他回去又顺着双重足迹走。啊哈，原来是这样：双重足迹不久就到了头，接下去又是单程的脚印。这就意味着你得在这儿寻找它跳往旁边的痕迹。

　　好了，这不就是嘛：兔子纵身一跃越过了灌木丛，于是就跳到了

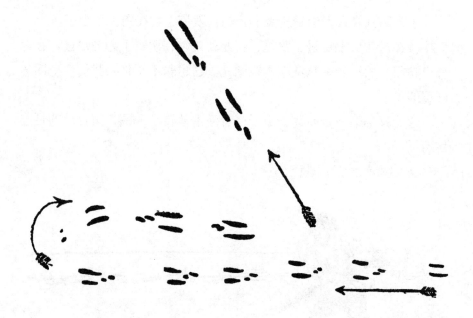

一旁。又是一串均匀的脚印。又中断了。又是越过灌木丛的新的双重足迹，接着就是一跳一跳地向前跑。

现在得分外留神……还有一处向旁边的跳跃。在这儿，兔子就躺在哪一丛灌木下。你要花招吧，骗不了我！

兔子确实就躺在附近。只是并未躺在猎人认为的灌木丛下面，而是在一大堆枯枝下面。

它在睡梦中听到了沙沙的脚步声。走近了，更近了……

兔子抬起了头——有人在枯枝堆上行走。黑色的枪管垂向地面。

兔子悄悄地爬出了洞穴，猛地一下蹿到了枯枝堆的外面。白色的短尾巴在灌木丛间一闪而过——能看见的就这一下子。

主人一无所获地回到了家里。

啄木鸟捶打的铺子

我们家的菜园外面有许多老的赤杨树、白桦树，还有一棵很老很老的云杉树。在云杉树上挂着几个球果。于是就有一只斑驳陆离的啄木鸟为了这些球果飞到了这里。啄木鸟停到树枝上，用长长的嘴摘下一颗球果，又沿着树干向上跳去。它把球果塞进一个缝隙里，开始用长喙啄打它。从里面获取果仁后就把球果往下一推，又去摘第二颗了。在同一个缝隙里它又塞进第二颗球果，接着又塞进第三颗，就这样一直操劳到天黑。

驻林地记者：Л. 库博列尔

农事纪程

眼看着冬季将临。

各农庄的大田作业已经结束。

妇女们正在奶牛场劳作，男人们正在喂养牲口。有猎狗的人离开村子捕猎松鼠去了。许多人去采运木材了。

一群灰色的山鹑簇拥着越来越向农舍靠近。

孩子们跑向学校。白天放置捕鸟器，乘滑雪板和雪橇从山上滑雪下来。晚上准备功课和阅读。

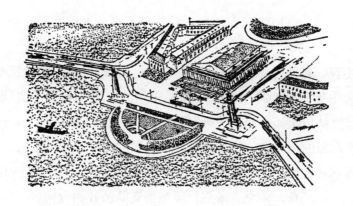

都市新闻

瓦西列奥斯特洛夫斯基区的乌鸦和寒鸦

涅瓦河结冰了。现在每天下午4点，都有瓦西列奥斯特洛夫斯基区的乌鸦和寒鸦飞来，降落到施密特中尉桥（八号大街对面）下游的冰上。

经过一番吵吵闹闹的争执后，这些鸟儿分成了几群，然后飞往瓦西里岛上各家花园里过夜。每一群都在自己最中意的花园里宿夜。

侦察员

城市花园和公墓里的灌木与乔木需要保护。它们遇到了人类难以对付的敌害。这些敌害是那么狡猾、微小和不易察觉，连园林工人都发现不了。这时就需要专门的侦察员了。

这些侦察员的队伍，可以在我们的公墓里和大花园里它们工作的时候见到。

它们的首领是穿着花衣服、帽子上有红帽圈的啄木鸟。它的喙就

像长矛一样。它用喙啄穿树皮。它断断续续地大声发号施令：基克！基克！

接着，各种各样的山雀就闻声飞来：有戴着尖顶帽的凤头山雀，有褐头山雀，它的样子像一枚帽头很粗的钉子；有黑不溜秋的煤山雀。这支队伍里还有穿棕色外套的旋木雀，它的嘴像把小锥子，以及穿蓝色制服的鸭，它的胸脯是白色的，嘴尖尖的，像把小匕首。

啄木鸟发出了命令：基克！鸭重复它的命令：特甫奇！山雀们做出了回应：采克，采克，采克！于是整支队伍开始行动。

侦察员们迅速占领各棵树的树干和树枝。啄木鸟啄穿树皮，用似针一般尖锐而坚固的舌头从中捉出小蠹虫。鸭则头朝下围着树干打转，把它细细的小匕首伸进树皮上的每一个小孔，它会在那里发现某一个昆虫或它的幼虫。旋木雀自下而上沿树干奔跑，用自己的歪锥子挑出这些虫子。一大群开开心心的山雀在枝头辗转飞翔。它们察看每一个小孔、每一条小缝，于是任何一条小小的害虫都逃不过它们敏锐的眼睛和灵巧的嘴巴。

狩猎纪事

捕猎松鼠

小小的松鼠有什么了不起？

在我们苏联的狩猎业里，它比其余所有野兽都重要。只装松鼠尾巴的大货包在全国每年的销售量达数千包。人们用蓬松的松鼠尾巴制作帽子、衣领、护耳和其他保暖用品。

松鼠毛皮和尾巴是分开销售的。松鼠毛皮用来做大衣、毛皮短披肩。人们制作漂亮的浅灰色女式大衣，重量很轻又很暖和。

一旦降下第一场雪，猎人们就出发去捕猎松鼠。在松鼠多又易于捕获的地方，连老人甚至12至14岁的男孩也加入了捕猎松鼠的行列。

猎人们结成不大的合作猎队，或单独行动，在森林里一住就是整整几个星期。从早到晚乘着短而宽的滑雪板在雪地里徜徉，用猎枪射击松鼠，放置捕兽器，静候观察。

他们在土窑或很低的小窝棚里过夜，在那些窝棚里连身体都无法站直，这就是他们被白雪覆盖的越冬住所。他们做饭的地方是样子像壁炉的直烟道小灶。

猎人捕猎松鼠的首选伙伴是莱卡狗。没有它，猎人就像失去了眼睛。

莱卡狗完全是一种特殊的犬种，属于我们的北地犬，在冬季原始森林里的狩猎活动中，世界上没有任何其他一种猎犬可以和它匹敌。

莱卡狗为您寻找白鼬、黄鼬、水獭、水貂的洞穴，替您把这些小兽咬死。夏天莱卡狗帮您从芦苇荡里赶出野鸭，从密林里赶出公黑琴鸡；它不怕水，即使冰冷的水，当河面结起冰凌时它还下水去叼回打死的野鸭。秋季和冬季，莱卡狗帮主人捕猎松鸡、黑琴鸡，这两种鸟在这个时节面对蹲守的猎狗沉不住气：莱卡狗坐在树下，不时发出汪汪的叫声，以此吸引它们的注意力。

带上莱卡狗，您在黑土路和积雪的土路上能找到驼鹿和熊。

如果您遭遇可怕野兽的攻击，忠实的朋友莱卡狗不会出卖您，它会从后面咬住野兽，让主人赢得重新装弹的时间，把野兽打死，或者它自己牺牲。但是最叫人惊讶的莫过于莱卡狗会帮猎人找到松鼠、貂、黑貂、猞猁，这些都是在树上生活的野兽。任何一条别的狗都找不到树上的松鼠。

在冬季或晚秋时节，您在云杉林、松林、混合林里行走。这里静悄悄的。任何地方都没有任何东西有轻微的运动，也没有闪动和轻微的叫声。似乎周围是空无一物的荒漠，连一只小兽也没有。一片死寂。

然而您带上莱卡狗就走进了这座林子。您在这儿不会寂寞无聊。莱卡狗会在树根下找出白鼬，把雪兔从睡梦中惊起，顺便吃上一只林中的老鼠，不管不露痕迹的松鼠在茂密的针叶丛里躲藏得多深，它都能发现。

确实，如果空中的小兽不偶然下到地面，莱卡狗怎么能找到松鼠呢？要知道狗既不会飞，也不会上树呀！

无论猎人用于追踪野禽的追踪犬，还是寻找兽迹的撵山犬，都需要有灵敏的嗅觉。鼻子是追踪犬和撵山犬主要和基本的工作器官。这些品种的狗视力可以很差，耳朵完全失聪，却仍然能出色地工作。

　　而莱卡狗却一下子具备了三个工作器官：细腻的嗅觉、敏锐的视力和灵敏的听力。莱卡狗能一下子把这三个器官都调动起来。与其说这三者是器官，不如说是莱卡狗的三个仆从。

　　只要松鼠的爪子在树枝上抓一下，莱卡狗竖起的那双时刻警惕的耳朵就已经对主人悄悄说："野兽在这儿。"松鼠的爪子在针叶丛中稍稍一晃，眼睛就告诉莱卡狗："松鼠在这儿。"风儿把松鼠身上的一股气息吹送到了下面，鼻子就向莱卡狗报告："松鼠在那边。"

　　借助自己的这三个仆从发现树上的小兽以后，莱卡狗就忠诚地把自己第四个仆从——嗓子的效劳献给了打猎的主人。

　　一条优秀的莱卡狗不会向发现野兽或野禽藏身的树上扑过去，也不会用爪子去抓树干，因为这样会惊动藏身的小兽。一条优秀的莱卡狗会坐在树下，眼睛死死盯住松鼠躲藏的地方，不时发出阵阵吠叫，保持高度警惕。只要主人还没有到来或呼唤它回去，它就不会从树下离开。

捕猎松鼠的过程本身十分简单：小兽已被莱卡狗发现，它的注意力也被猎狗牢牢吸引，留给猎人的就是无声无息地靠近，不做出剧烈的动作，再就是好好瞄准。

用霰弹枪击中松鼠是不成问题的。但一个职业猎手却用单颗枪弹射击这种小兽，而且一定要击中头部，以免损伤皮毛。冬季松鼠抵御枪伤的能力很强，所以射击要十分准确。否则它就躲进稠密的针叶丛里，会一直留在那里。

捕猎松鼠还可以用捕兽器或别的捕兽工具。

捕兽器是这样放置的：取两块短的厚木板，在树干之间将它们固定；用一根细木棍支撑上面的木板，使它不落到下面的板上，木棍上绑上有气味的诱饵：烤熟的蘑菇或晒干的鱼。松鼠稍稍拖一下诱饵，上面的板就落了下来，啪的一声压住了小兽。

只要雪不是很深，整个冬季猎人都在捕猎松鼠。春季松鼠正在换毛，所以直到深秋，在它重新穿上茂密的浅灰色冬装前，人们都不会碰它。

带把斧头打猎

在捕猎毛皮有经济价值的凶猛小兽时，猎人与其使用猎枪，还不如使用斧头。

莱卡狗凭感觉找到了藏在洞里的黄鼬、白鼬、银鼠、水貂或水獭。把小兽赶出洞穴便是猎人的事了。可这件事做起来并不容易。

凶猛的小兽在土里、石头堆里、树根下面安置自己的洞穴。感觉到危险以后，它们绝对不会离开自己的藏身之所。只好用探棒或小铁棍长久地在洞穴里搅，或者干脆用双手扒开石块，用斧头砍掉粗树根，刨开冻结的泥土，再就是用烟把小兽从洞里熏出来。

不过只要它一跳出来，就再也逃不走了：莱卡狗不会放过它，会把它咬死。

或者猎人瞄准了开枪。

公 告

请开办供鸟类就餐的免费食堂

可以直接往窗外用绳子悬挂一块板，上面撒上食料：面包屑、干燥的蚂蚁卵、面粉蛀虫、蟑螂、煮老的鸡蛋和凝乳碎屑、大麻子、花楸浆果、红莓苔子、荚蒾、黍、燕麦、刺实。

不过更好的办法是将一个有食料的瓶子固定在树干上，下面放一块板。

还有更好的办法是在花园里放置一只名副其实的带盖食料台，以免雪洒在上面。

帮助挨饿的鸟类

记住：我们小小的朋友——鸟类正面临艰难的时刻，饥饿的时刻，凶恶的时刻。别等待春天的来临，现在就要为它们建设舒适、温暖的小屋——把圆木挖空做成的小桶、椋鸟窝、小窝棚。这样你就帮它们在毁灭性的恶劣天气中得到了庇护。为了躲避寒冷的风雪，许多鸟紧紧地挤在一起，向人类靠近，躲到屋檐下、门口台阶上过夜，有一只小小的鸴鹬甚至到钉在村中柱子上的邮箱里过夜。

请在椋鸟窝和圆木小桶里（参见第一、二期公告）放上绒毛、羽毛、碎布，这样鸟儿们就有了暖和的羽绒褥子和被子了。

森 林 报

小道初白月

（冬一月）

No.10

12月21日至1月20日

太阳进入摩羯星座

冬季是一本书

平平坦坦的一层皑皑白雪覆盖了整个大地。田野和林间空地，现在就如一册大书平整洁净的纸页。无论谁在上面经过，每个人都会写上："某人到过此地。"

白天，雪花纷纷扬扬。雪下完以后，留下了洁白的书页。

清晨，你走来一看：洁白的书页上盖满了许多神秘的符号、线条、句号、逗号。这表明夜里许多林中的居民到过此地，走过、跳过，还做过什么。

是谁来过这里？做了什么？

应当赶快弄清费解的符号，阅读神秘的文字。又是大雪纷飞，此时仿佛又有人将书翻过了一页，只是眼前又重复出现了洁净、平整的白色纸页。

它们怎么读

在冬季这本书里，每一位林中居民都用自己的笔迹、自己的符号书写了内容。人们正在学习用眼睛辨认这些符号。如果不用眼睛读，还能怎么读呢？

但是动物却想到了用鼻子阅读。比如狗就常用嗅觉来读冬天这本书里的符号："狼来过这里。"或者："兔子刚刚从这儿跑过。"

动物这样的鼻子学问大得很，怎么也不会弄错。

它们各用什么书写

野兽最多的是用爪子写。有的用整个脚掌写，有的用四个脚趾写，有的用蹄子写。也有用尾巴写的，用喙写的，用肚子写的。

鸟类也用爪子和尾巴写，但还有用翅膀写的。

简单地书写和书写时要的花招

我们的记者学会了在冬季这本书里读出林中发生的各种故事。他们获取这方面的学问可不是一件轻而易举的事：原来并非每一位林中的居民留下的都是简单的笔迹，有的在书写时是耍了花招的。

辨认和记住松鼠的笔迹既容易又简单：它在雪地上跳跃的动作就如我们做跳背游戏。用短短的前趾作支撑，长长的后腿远远地向前跨越，分得很开。两个前趾留下的脚印小小的，印下两个圆点，彼此并排。后趾留下的脚印长长的，拉直了的，仿佛一只小手连细细的手指一起打下的印痕。

老鼠的笔迹虽然很小，但也很简单，清晰易辨。老鼠从雪地里爬出来时经常会制造一个小圈套，然后才笔直跑向要去的地方或回到自己的洞穴。雪地里留下了长长的两行冒号，两个冒号之间的距离相等。

鸟类的笔迹，就说喜鹊吧，也容易辨认。前面三个脚趾打在雪上

的是十字形，后面第四个脚趾打下的是破折号（笔直的一条短线）。十字形的两边是翅膀的羽毛打下的印记，像手指一样。而且一定有一个地方有它长长的梯形尾巴擦过的痕迹。

所有这些痕迹都没有耍过花招。一看便知：松鼠就在这儿下了树，在雪地里跳了一段路，又跳回到了树上。老鼠从雪地里跳了出来，跑了一阵，转了几个圈儿，又钻进了雪地里。喜鹊停在雪地里，笃、笃、笃，啄着雪面上硬硬的冰壳，用尾巴在雪上拖着，用翅膀打着雪地，然后——再见吧。

但是辨认狐狸和狼的笔迹就不一样了。由于不常见，你一下子就蒙住了。

小狗和狐狸，大狗和狼

狐狸的脚印和小狗的脚印相似。区别在于狐狸把爪子握成一团：脚趾握得紧紧的。

狗的脚趾是张开的，所以它的脚印比较松散和柔软。

狼的脚印像大狗的脚印。区别也相同：狼的脚趾从两边向里握紧。狼留下的脚印比狗的脚印长，也更匀称。脚爪和掌心的肉垫打的印痕更深。同一脚掌的印痕上前后爪之间的距离比狗的大。狼脚掌的前爪留下的印痕常合并成一个。狗脚爪的肉垫留下的印痕是相连的，而狼不是。（比较狗、狼和狐狸的脚印。）

这是基础知识。

阅读狼的脚印写成的字行特别费神，因为狼喜欢布弄迷阵，使自己的脚印混乱。狐狸也一样。

林间纪事

下面是我们的驻林地记者在白色小道上读到的几则故事。

缺少知识的小狐狸

小狐狸在林间空地看见了老鼠留下的一道道小小字行。

"啊哈，"它想道，"现在我们有吃的了！"

它认为得用鼻子好生阅读一番，看是谁来过这儿。它只看了一眼就知道了：看，足迹原来通到了那里—— 一丛灌木边上。

它悄悄地向灌木丛逼近。

它看见雪里面有一个皮毛灰色、拖着小尾巴的小东西在动。嚓，一口把它咬住！马上在牙齿间发出了咯吱声。

呸！这么难闻的讨厌东西！它把小兽一口吐掉，跑到一边赶紧吞上几口雪。但愿能让雪把嘴巴洗干净。有那么难闻的气味！

就这样它仍然没能吃上早餐。只是白白地把一只小兽糟蹋了。

那只小兽不是老鼠，也不是田鼠，而是鼩鼱。

它只在远看时像老鼠；近看马上能分清楚：鼩鼱的嘴脸吻部前凸，背部弓起。它属于食昆虫的动物，和鼹鼠、刺猬是近亲。任何一种有知识的野兽都不碰它，因为它发出可怕的气味：麝香的气味。

可怕的爪印

本报驻林地记者在树下发现了很长的一个个爪印，这简直使他们

179

吓了一大跳。爪印本身倒并不大，和狐狸的脚印差不多，但爪痕又长又直，像钉子一样。如果肚子上被这样的爪子抓一下，保管肠子被抓到外面。

他们小心翼翼地顺着这行爪印走去，来到一个大洞边，这里的雪面上散落着兽毛。

他们仔细察看了毛毛，直直的，相当硬，但不脆，白色，末端是黑的。画笔就是用这样的毛毛制作的。

这时马上就清楚了：洞里住的是獾，是一头心情忧郁的野兽，但不怎么可怕。看来趁解冻天气它出洞散步去了。

白雪覆盖的鸟群

一只兔子在沼泽地上跳跳蹦蹦地走路。它从一个个草墩上跳过去，于是嗤的一声，从草墩上滑落，跌进了齐耳深的雪地里。

这时兔子感觉到雪下面有活物在微微运动。就在同一瞬间，在它周围随着翅膀振动的声音从雪下面飞出一群柳雷鸟。兔子吓得要命，马上跑回了林子。

原来是整整一群柳雷鸟生活在沼泽地的雪地里。白天它们飞到外面，在雪地里走动，用喙挖掘觅食。吃饱以后又钻进了雪地里。

它们在那里既暖和又安全。谁会发现它们藏在雪下面呢？

雪地里的爆炸和获救的狍子

本报记者好久都没有猜透雪地里由足迹书写的一件事。

起先是一行小小窄窄的蹄印安安稳稳地向前延伸着。要解读它并不难：一头狍子在林子里走动，它并未感到灾难的临近。

突然一旁出现了硕大的爪印，而狍子的蹄印是跳跃式前进的。

这也很明白：狍子发现了从密林里出来的一头狼，正挡住了它的去路朝它奔来。

接着狼的脚印越来越近，狼开始追赶狍子了。

在一棵倒下的大树边两种脚印完全搅和在了一起。显然狍子勉勉强强越过了粗大的树干，这时狼也嗖地一下跟着跃了过去。

树干的那一边有一个深坑：所有的雪被翻转，四下里抛了出去，仿佛这里有一个巨大的炸弹在雪下炸开了。

这以后狍子的足迹走向了一边，狼的足迹走向了另一边，而中间不知从哪里冒出了一种巨大的脚印，很像是人的脚印（当他赤脚走路时），但是带有歪斜的可怕爪痕。

雪里面埋的是什么样的炸弹？这新出现的脚印是什么动物的？为什么狼蹿到了一边，而狍子蹿到了另一边？这里发生了什么事？

我们的记者绞尽脑汁，久久地思索着这些问题。

最后他们弄清楚了，这些巨大的脚印是什么动物的，至此所有问题都迎刃而解了。

狍子凭借自己腾空的四蹄轻松地越过了倒地的树干，又继续向前奔逃而去。狼跟着它也跳跃过去，但是没能越过，因为身体太重。它从树干上滑落，嗵地一下跌进了雪里，而且四条腿一起跌进了一个熊洞。这个洞正好在树干下面。

米什卡从睡梦中惊醒过来，就跳将出去，于是四周的雪呀、冰呀、树枝呀什么的被搅得一塌糊涂，仿佛炸弹炸过似的，然后就奔跑着逃进了森林（它以为猎人向它袭击来了）。

狼一个跟头翻进雪窝里，一看到这么大的一个身躯，早忘了狍子，只顾拔腿就跑。

而狍子早就不见了踪影。

农事纪程

树木在严寒的气候里沉沉深睡。它们体内的血液——液汁都冻结了。森林里锯条不知疲劳地发出叫声。采伐木材的作业贯穿整个冬季。冬季采伐到的是最为贵重的木材：干燥而且坚固。

为了将采伐的木材运到开春后流送木材的大小河边，人们制造了冰橇——宽广的冰路。他们把水浇到雪地上，就如驾着敞篷马车一样运送木材。

农庄庄员们正在迎接春季的来临。正在选种，检查幼苗。

一群灰色的田鹨现在住在谷仓边，飞进了村里。在深厚的雪下它们获取食物很艰难，非常艰难，要将雪扒开，更难的是用它们虚弱无力的爪子敲开雪面冰层厚厚的外壳。

在冬季捕捉它们是轻而易举的事，但这是一种犯罪行为：法律禁止在冬季捕捉无助的灰色田鹨。

聪明而体贴的猎人在冬季给这些鸟儿补充食料，在田头给它们安置喂食点：用云杉树枝搭建的小窝棚，里面撒上燕麦和大麦。

于是，美丽的田间公鸡和母鸡就不会在最难熬的冬季死于非命了。到来年夏天，每一对鸟又会带来20只以上的小鸟。

到森林里采树种

在我们故乡，在伟大的卫国战争期间进行过战斗，森林遭受严重破坏。许多森林被德国占领者砍光。在少先队集会上，我们决定帮助林务部门恢复森林。我们商定村里的每一名少先队员要采集20公斤的云杉球果作为树种。

我们带上袋子、轻便雪橇，整支欢乐的队伍就出发向森林挺进。我们的袋子很快就装满了。我们把它们装到雪橇上，运往林务部门。

除了球果，我们还采集椴树种子。当由我们采集的树种长成一棵棵亭亭玉立的云杉、枝叶婆娑的椴树，上面有蜜蜂飞舞，采集芬芳的花蜜，我们将会多么高兴！

B. 契尔维亚科夫

我们帮助培育森林

秋天我们村校的学生为林务部门采集了200公斤橡子。而我们邻村学校的孩子们向林务部门交纳了许多卫矛的种子。

现在孩子们正在采集椴树和松树的种子。林业工作者非常感谢我们的学生。其实学生们自己也很高兴，因为由他们采集的橡子会长成强壮美丽的橡树。

廖尼亚·萨维里耶夫

绿色林带

沿铁路线伸展许多公里，长着一行行挺拔的云杉。绿色林带保护铁路免遭积雪的侵害。每年春季铁路员工都在加宽这条林带，栽上几千棵年轻的树木。今年种下了10万棵以上的云杉、合欢、白杨和3000棵左右的果树。

铁路员工在自己的苗圃里培育林木的树苗。

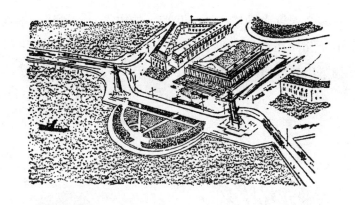

都市新闻

赤脚在雪地里行走

在晴朗的日子里，当温度计的水银柱升到接近零摄氏度时，在花园里，街心花园和公园里，从雪下爬出了没有翅膀的苍蝇。

它们成天在雪上游荡，傍晚时又躲进了冰雪的缝隙里。

在那里，它们生活在树叶下和苔藓中僻静的温暖场所。

雪地里没有留下它们游荡的足迹。这些游荡者身体很轻很小，只有在高倍放大镜下才能看清它们突出的长长嘴脸，从额头直接长出的奇怪的触角和纤细赤裸的腿脚。

冬季植树

离伏尔加—顿河运河开航的日子剩下没有多少时间了。在这一时刻来临之前建设者们不仅在运河两岸，还在毗邻各水库的沿岸、路边和宅院周边的地块，加紧绿化工作。应当及时种植数千棵树木和灌木丛。为了尽快地完成这个任务，他们决定冬季也不中断植树的工作。

汽车装载着巨大的连土团一起挖出的树木，一辆接一辆地驶向运河边。1月份，在运河边准备就绪的地段种下了已有多年树龄的橡树、榆树、山杨和锥形白杨。

塔斯社讯

国外来讯

埃及的熙攘

埃及是鸟类冬季的天堂。浩浩荡荡的尼罗河，连同它无数的支流、逶迤曲折的河岸、肥沃的河湾草地和田野、咸水和淡水的湖泊与沼泽、温暖的地中海沿岸星罗棋布的海湾，所有这些地方都是数以几十万、几百万计的鸟类现成的丰盛餐桌。夏天这里固然鸟类无数，到了冬天我们的候鸟也来光顾了。

那拥挤的程度是无法想象的。似乎全世界所有的鸟类都聚集到了这里。在湖泊和尼罗河的各条支流上栖息的鸟类，稠密到从远处看不见水的程度。笨重的鹈鹕在喙下面挂着一只大袋子，和我们的灰野鸭及小水鸭一起捉鱼吃。我们的鹬在红羽毛的美男子火烈鸟高高的双腿间穿梭，当鲜艳的非洲乌雕或我们的白尾雕出现时，就躲向四面八方。

假如对着湖面开一枪，那么密密麻麻的各种水禽成群起飞的轰鸣声，只有数千只鼓敲响的声音可以与之相比。湖面顿时笼罩在浓密的阴影里，因为升空的鸟类组成的阴云遮住了太阳。

我们的候鸟就这样生活在它们冬季的居所。

发生在南部非洲的慌乱

在南部非洲发生过一件事，引起了很大的慌乱。人们在一群鹳里

发现一只鹳脚上戴着一个白色金属环。这群鹳是从天上飞下来的。

他们捉到了这只鹳，阅读了打在环上的文字。脚环上的文字是这样的："莫斯科。鸟类学委员会。A型195号。"

这件事许多报刊都刊登了，所以我们知道被我们的记者捕获过的这只鹳冬季在何处出现。（参阅《森林报》第七期，来自林区的第二份电讯）

科学家用这个方法——套脚环——得知鸟类生活中许多惊人的秘密：它们的越冬地，迁徙路线，等等。

为此，每个国家的鸟类学委员会都用铝制作不同型号的脚环，在上面打上发放脚环的机构名称，表示型号（根据尺寸大小）的字母和编号。如果有人捕获或打死套上脚环的鸟类，应当将有关情况告知名称打在脚环上的科研机构，或在报上刊登有关自己发现的消息。

狩猎纪事

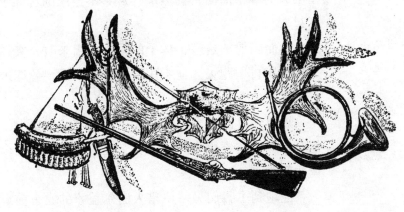

猎　狐
（本报特派记者）

经验丰富的猎人，凭他那双明察秋毫的眼睛，一看足迹，狐狸的动向有什么看不出来！

塞索伊·塞索伊奇早上出门，踏上新下过雪的地面，老远就发现了一行清晰、规整的狐狸足迹。

小个儿猎人不慌不忙地走到足迹前，沉思地望着它。他脱下一块滑雪板，一条腿单跪在上面。他弯起一根手指伸进脚印里，先竖着，

再横着，量了量。又思量了一会儿。他站起来，踩着滑雪板，顺着足迹平行前进，眼睛盯着足迹片刻不离。他隐没在了灌木丛里；接着又走了出来，走到一座不大的林子前面；仍然那样从容不迫地围着林子走了起来。

然而当他从这座小林子的另一边出来时，突然回头快速向村子跑去。他不用滑雪杆的推助，急速地踩着滑雪板在雪上滑行。

短暂冬日的两个小时花在了对足迹的观察上。可是塞索伊·塞索伊奇却已暗自下定决心一定要在今天逮住狐狸。

他跑到了我们另一位猎人谢尔盖家的农舍前。谢尔盖的母亲从窗口看见了他，就走到门口台阶上，首先和他打招呼：

"儿子不在家。也没说去哪儿。"

对于老太太耍的滑头塞索伊·塞索伊奇只是莞尔一笑。

"我知道，我知道，他在安德烈家。"

塞索伊·塞索伊奇果然在安德烈家找到了两个年轻猎人。

他走进屋子时那两个人有点尴尬，这瞒不过他的眼睛。他们都不吭声了，谢尔盖甚至从长凳上站了起来，想遮住身后的那一大捆缠着小红旗的轮轴。

"别藏藏掖掖了，小伙子，"塞索伊·塞索伊奇务实地说，"我都知道。今儿夜里狐狸在星火农庄叼走了一只鹅。现在它在哪儿落脚，我知道。"

两个年轻的猎人张大了嘴巴。半小时前谢尔盖遇见了邻近的星火农庄的一个熟人，得知今天凌晨狐狸趁夜从那里的禽舍里叼走了一只鹅。谢尔盖跑回来把

他从小林子出来的时候，发现了什么？为什么突然这么着急，这么快速地向村子跑去？

这件事告诉了自己的朋友安德烈。他们刚刚才商定，要赶在塞索伊·塞索伊奇得知这件事之前就找到狐狸，把它逮到手。可塞索伊·塞索伊奇却说到就到，而且都知道了。

安德烈先开口：

"是老婆子给你卜的卦吧？"

塞索伊·塞索伊奇冷冷一笑：

"那些老婆子恐怕一辈子也不会知道这号事。我看了足迹了。我要告诉你们的是：这是雄狐狸走过的脚印，而且是只老狐狸，个子大大的。脚印是圆的，很干净；它走过，在雪上并不像雌狐那样把足迹抹掉。很大的脚印，是从星火农庄过来的，叼着一只鹅。它在灌木丛里把鹅吃了：我已找到了那个地方。这是只十分狡猾的雄狐，吃得饱饱的，它身上的皮毛很浓密，能卖上难得的好价钱。"

谢尔盖和安德烈彼此交换了一个眼色。

"怎么，这难道又是足迹上写着的？"

"怎么不是呢。如果是一只瘦狐，过着半饥半饱的日子，那么皮毛就稀，没有光泽。而在又狡猾、吃得又饱的老狐身上，皮毛就很密，颜色深沉，有光泽。这是一副贵重的皮毛。吃得饱饱的狐狸足迹也不一样：吃饱了走路轻松，脚步跟猫一样，一个脚印接一个脚印——齐齐整整的一行，一个爪子踩进另一个爪子的印痕里——口对着口。我对你们说，这样的皮子在林普什宁抢手得很，给大价钱呢。"

塞索伊·塞索伊奇不说了。谢尔盖和安德烈又交换了一个眼色，走到一角，窃窃私语了一会儿。

接着安德烈说：

"怎么样，塞索伊·塞索伊奇，有话直说吧：你是来叫我们合伙的？我们不反对。你看到，我们自己也听说了。小旗子也备了。原本想赶在你前头，没有得逞。那就一言为定，到了那里，谁运气好，它就撞到谁手里。"

"第一轮围猎由你们干，"小个儿猎人大度地决定，"要是野兽逃走了，肯定没有第二轮。这只雄狐不同于我们这儿那些普通的狐狸。

我们当地的那些我认得出，这么大个儿可没有。如果它在开第一枪之后就溜之大吉了，你就是两天也追不上它。那些小旗子，还是留在家里吧：老狐狸刁得很，也许被围猎已经不是一次了，会钻地逃跑。"

这时两个年轻猎人坚持要带小旗子，认为这样牢靠些。

"得，"塞索伊·塞索伊奇同意了，"你们想带，就随你们的，带上吧。走！"

在谢尔盖和安德烈准备行装，将两个绕着小旗的轮轴搬到外面，绑上雪橇时，塞索伊·塞索伊奇赶紧回了趟家，换了身衣服，叫上了五个年轻农庄庄员——帮助围猎。

三个猎人都在自己的短大衣外面罩了件灰色长袍。

"这回是去对付狐狸，不是兔子，"在路上塞索伊·塞索伊奇开导说，"兔子不怎么会辨别。狐狸可要敏感得多，眼睛看异样的东西尖着呢。一看见点儿什么，脚印就没有了。"

他们很快就到了狐狸落脚的那座林子。在这里他们分了工：围猎的农民留在原地，谢尔盖和安德烈带上一个轮轴，从左边去围着林子布旗子，塞索伊·塞索伊奇则从右边布旗子。

"留神看着，"临行前塞索伊·塞索伊奇提醒说，"看哪儿有没有它出逃的脚印。还有，别弄出声响。狐狸很机灵，只要一听见一丁点儿声音，就不会等着你去逮它。"

不久三个猎人在林子那一边会合了。

"搞定了吗？"塞索伊·塞索伊奇悄声问。

"完全搞定了，"谢尔盖和安德烈回答，"我们仔细看过：没有逃出去的足迹。"

"我那边也一样。"

离旗子一百五十步左右的地方，他们留了条通道。塞索伊·塞索伊奇向两位年轻猎人建议他们最好站立在什么位置，说完自己就悄无声息地踩着滑雪板滑向围猎的五个人那儿。

半小时以后围猎就开始了。六个人形成一个包围圈，像一张网一样在森林中行进，悄声呼应着，用木棍敲打树干。塞索伊·塞索伊奇走在呐喊者的中间，使包围圈队形保持整齐。

森林里一片寂静。被人触碰的树枝上落下一团团松软的积雪。

塞索伊·塞索伊奇紧张地等待着枪响：尽管开枪的是小伙子，心还是提到了嗓子眼。这只狐狸是难得遇到的，对此经验丰富的猎人毫不怀疑。要是他们看走了眼，就再也看不到了。

已经到了林子中央，可是枪依然没有响。

"怎么搞的？"塞索伊·塞索伊奇在树干之间滑行时忐忑地想，"狐狸早该从它藏身的地方跳出来了。"

路走完了。又到了森林边缘。安德烈和谢尔盖从守候的云杉后面走出来。

"没有？"塞索伊·塞索伊奇已经放开了嗓子问。

"没看见。"

小个儿猎人没多说一句废话，就往回跑，去检查打围的地方。

"喂，过来！"几分钟后传来了他气呼呼的声音。

大伙儿都向他走去。

"还说会看足迹呢！"小个儿猎人冲着两个年轻猎人恨恨地嘟囔着说，"你们说过没有出逃的痕迹。这是什么？"

"兔迹，"谢尔盖和安德烈两个人异口同声地说，"兔子的脚印。怎么，难道我们不知道？我们还在刚才围拢来的时候就发现了。"

"可是在兔迹里，兔迹里的究竟是什么？我对你们这两个大傻瓜说过：雄狐是很刁滑的！"

在兔子后腿长长的脚印里，年轻猎人的眼睛一下子没有看出另一

头野兽留下的明显痕迹——更圆、更短的脚印。

"你们没有想到，狐狸为了藏掖自己的脚印，会踩着兔子脚印走，是吗？"塞索伊·塞索伊奇和他们急了，"脚印对着脚印，窝儿合着窝儿。两个笨蛋！多少时间白待了。"

塞索伊·塞索伊奇首先顺着足迹跑了起来，命令把旗子留在原地。其余人默默地紧紧跟在他后面。

在灌木丛里狐狸的足迹脱离了兔迹，独自前进了。他们沿着齐齐整整的一行脚印走了好久，走出了狐狸设下的圈套。

阳光不强的冬日随着雪青色云层的出现已接近尾声。人人都是一副垂头丧气的样子，因为整整一天的辛劳都付诸东流了。脚下的滑雪板也变得沉重起来。

突然塞索伊·塞索伊奇停了下来。他指着前方的小林子轻声说：

"狐狸在那里。接下去五公里的范围，地面就像一张桌子的面儿，既没有一丛灌木，也没有沟沟壑壑。野兽不会指望在开阔地上逃跑。我用脑袋担保，它就在这儿。"

两个年轻猎人的疲劳感似乎被一只手一下子从身上解除了。他们从肩头拿下了猎枪。

塞索伊·塞索伊奇吩咐三个围猎的农民和安德烈从右边，另两个和谢尔盖从左边，向小林子包抄。大家立马向林子里走去。

他们走后，塞索伊·塞索伊奇自己无声无息地滑行到林子中央。他知道那里有一块不大的林间空地。雄狐无论如何不会出来走到开阔地上。但是不管它沿什么方向穿过林子，都不可避免地要沿着林间空地边缘的某个地方溜过去。

在林间空地中央矗立着一棵高大的老云杉。在它茂盛而强壮的枝杈上，它支撑着倒在它身上的一棵姐妹树干枯的树干。

塞索伊·塞索伊奇脑海里闪过一个念头，想沿着倒下的云杉爬上大树，因为从高处看得见狐狸从哪儿走出来。林间空地的周围只长着一些低矮的云杉，矗立着一些光秃的山杨和白桦。

但是经验丰富的猎人马上放弃了这个想法，因为在你爬树的当儿狐狸已经十次逃脱了。再说从树上开枪也不方便。

塞索伊·塞索伊奇站在云杉旁边，两棵小云杉之间的一个树桩上，推上了双筒枪的枪栓，开始仔细地四下观察。

几乎是一下子从四面八方响起了围猎者轻轻的说话声。

塞索伊·塞索伊奇自己的整个身心都准确无误地知道无价的狐狸已经来到这里，就在他的身旁，它随时都会出现，但是当棕红色的皮毛在树干之间一闪而过时，他还是哆嗦了一下。而当野兽出乎意料地跳将出来，直接奔向开阔的林间空地时，塞索伊·塞索伊奇差点儿就开枪了。

不能开枪，因为这不是狐狸，是兔子。

兔子坐在雪地上，开始惊惶地抖动耳朵。

人声从四面八方一点点逼近。

兔子纵身一跳逃进森林不见了。

塞索伊·塞索伊奇仍然全身高度紧张地在等待。

忽然响起了枪声。枪声来自右方。

"他们把它打死了？打伤了？"

从左方传来第二声枪响。

塞索伊·塞索伊奇放下了猎枪：不是谢尔盖就是安德烈，总有一人开的枪而且得到了狐狸。

几分钟后围猎者走了出来，到了林间空地。和他们一起的还有一脸窘态的谢尔盖。

"落空了？"塞索伊·塞索伊奇阴沉着脸问。

"要是它在灌木丛后面……"

"唉！……"

"看，是它！"旁边响起了安德烈得意的声音，"说不定还没有走。"

于是，年轻猎人一面走上前来，一面向塞索伊·塞索伊奇脚边扔过来……一只死兔。

塞索伊·塞索伊奇张开了嘴巴，又重新闭上了，什么话也没有

说。围猎者莫名其妙地看着这三个猎人。

"怎么说呢，祝你满载而归！"塞索伊·塞索伊奇最后平静地说，"现在各自回家吧。"

"那狐狸怎么办？"谢尔盖问。

"你看见它啦？"塞索伊·塞索伊奇问。

"没有，没看见。我也是对兔子开的枪，而且你是知道的，它在灌木丛后面，所以……"

塞索伊·塞索伊奇只挥了挥手。

"我看见山雀在空中把狐狸叼走了。"

当大家走出林子时，小个儿猎人落在了同伴们的后面。还有足够的光线可以发现雪地里的足迹。

塞索伊·塞索伊奇慢慢地时而停顿一下，绕小林子走了一圈。

雪地里明显地看得出狐狸和兔子出逃的痕迹：塞索伊·塞索伊奇细心察看了狐狸的足迹。

不对，雄狐没有沿着自己的足迹走回头路——脚印对着脚印，窝儿合着窝儿。而且这也不符合狐狸的习性。

从小林子出逃的足迹并不存在——无论是兔子的，还是狐狸的。

塞索伊·塞索伊奇坐到树桩上，双手捧着低下的脑袋，思量起来。最后他脑子里钻进一个简单的想法：雄狐可能在林子里钻了洞——它躲进了猎人连想也未曾想过的洞穴。

但是当塞索伊·塞索伊奇想到这一点并且抬起头时，天已经黑了。再也没有希望发现狡猾的野兽了。

于是，塞索伊·塞索伊奇就跑回家去了。

野兽会给人猜最难猜的谜，这样的谜有些人就是解不开，即使是在所有时代、所有民族心目中都以自己的狡猾著称的狐大婶[①]也解不开，但塞索伊·塞索伊奇可不是这样的人。

---

① "狐大婶"是俄文"丽萨·帕特里凯耶夫娜"的意译，系俄罗斯民间故事中一只狐狸的名字。

第二天早晨，小个儿猎人又到了傍晚找不到足迹的那座小林子。现在确实留下了狐狸从林子出逃的足迹。

　　塞索伊·塞索伊奇开始顺着它走，以便找到他至今不明的那个洞穴。但是狐狸的足迹直接把他带到了位于林子中央的空地。

　　齐整清晰的一行印窝儿通向倒下的干枯云杉，沿着它向上攀升，在那棵高大茂盛的云杉稠密的枝叶间失去了踪影。那里，在离地八米的高处，一根宽大的树枝上全然没有积雪：被卧伏在上面的野兽打落了。

　　老雄狐昨天就趴在守候它的塞索伊·塞索伊奇头顶上方。如果狐狸会笑的话，它一定对那个小个儿猎人笑得前仰后合。

　　不过打这件事以后，塞索伊·塞索伊奇就坚信不疑，既然狐狸会爬树，那么它们要笑当然也就笑得应该了。

天南海北

无线电通报

请注意！请注意！

列宁格勒广播电台，这里是《森林报》编辑部。

今天，12月22日，冬至，我们播送今年最后一次广播——来自苏联各地的无线电通报。

我们呼叫冻土带和草原，原始森林和沙漠，高山和海洋。

请告诉我们，在这隆冬季节，一年中白昼最短、黑夜最长的日子，你们那里发生了什么？

- - - - - - - - - - - - - -

请收听！请收听！

北冰洋远方岛屿广播电台

我们这儿正值最漫长的黑夜。太阳已离开我们落到了大洋后面，直至开春前再也不会露脸。

大洋被冰层所覆盖。在我们大小岛屿的冻土上，到处是冰天雪地。

冬季还有哪些动物留在我们这儿呢？

在大洋的冰层下面生活着海豹。它们在冰还比较薄的时候，在上面设置通气和出入口，并用嘴脸撞开将通气口迅速收缩的冰块，努力保持通畅。海豹到这些口子呼吸新鲜空气，通过它们爬到冰上，在上面休息、睡眠。

这时，一头公白熊正偷偷地向它们逼近。它不冬眠，整个冬季不像母白熊那样躲进冰窟窿。

冻土带的雪下面生活着短尾巴的兔尾鼠，它们为自己筑了许多通道，啃食埋藏的野草。雪白的北极狐在这里用鼻子寻找它们，把它们挖出来。

还有一种北极狐捕食的野味：冻土带的山鹑。当它们钻进雪里睡觉时，嗅觉灵敏的狐狸就会毫不费力地偷偷逼近，将它们捕获。

冬季我们这儿没有别的野兽和鸟类。驯鹿在冬季来临之前就千方百计从岛上离开，沿冰原去往原始森林。

如果所有时间都是黑夜，不见太阳，我们怎么看得见呢？

其实即使没有太阳，我们这儿还经常是光明的。首先在太阳应该升起的时候，月亮会照耀大地；其次会非常频繁地出现北极光。

变幻着五光十色的神奇极光，有时像一条有生命的宽阔带子展现在北极一边的天空，有时像瀑布一样飞流直泻，有时像一根根柱子或一把把利剑直冲霄汉。而它的下面是光彩熠熠、闪烁着点点星火的最为纯洁的白雪。于是变得和白昼一样光明。

寒冷吗？当然，冷得彻骨。还有风。还有暴风

真是神奇的北极光，在作者比喻中，我感受到了北极光的变幻莫测和壮观。

199

雪——那暴风雪真叫厉害，我们已经一个星期连鼻子都没有伸到盖满白雪的屋子外面去过。不过我们苏联人什么都吓不倒。我们一年年地向北冰洋进军，越走越远。勇敢的苏联北极人早就连北极都在研究了。

顿河草原广播电台

我们这儿也将开始下雪。可我们无所谓！我们这儿冬季不长，也不那么来势汹汹。甚至连河流也不全封冻。野鸭从湖泊迁徙到这里，不想再往南赶了。从北方飞来我们这里的白嘴鸦逗留在小镇上、城市里。它们在这里有足够的食物。它们将住到3月中旬，到那时再飞回家，回到故乡。

在我们这儿越冬的还有远方冻土带的来客：雪鹀、角百灵、巨大的北极雪鸮。它们在白昼捕猎，否则它们夏季在冻土带怎么生活呢？那时可整天都是白昼啊。在白雪覆盖的空旷草原上，冬季人们无事可做。不过在地下，即使现在也干得热火朝天：在深深的矿井里我们用机器铲煤，用电力把煤炭送上地面、井巷，再用蒸汽——在无穷无尽的列车上——把它运送到全国各地：送往各个工厂。

黑海广播电台

确实，黑海今天轻轻地拍打着海岸，岸滩上，在海浪轻柔的冲击下，卵石懒洋洋地发出阵阵轰鸣。深暗的水面反照出一弯细细的新月。

我们上空的暴风雨早已消停。于是，我们的大海惴惴不安起来。它掀起峰巅泛白的波涛，狂暴地砸向山崖，带着丝丝的絮语和隆隆的巨响从远处向着岸边飞驰。那是秋季的情景。而在冬季我们难得受到狂风的侵扰。

黑海不知道有真正的冬季。除了北部沿岸的海面会结一点冰，不过是海水降一点温。我们的大海通年荡漾着波浪，欢乐的海豚在那里戏水，鸬鹚在水中出没，海鸥在天空飞翔。海面上巨大漂亮的内燃机轮船和蒸汽机轮船来来往往，摩托快艇破浪前进，轻盈的帆船飞速行驶。

来这儿过冬的有潜水鸟、各种潜鸭和下巴下拖着一只装鱼的大袋子的粉红色胖鹈鹕。

———————————

列宁格勒广播电台，这里是《森林报》编辑部。

你们看到在苏联有许多各不相同的冬季、秋季、夏季和春季。而这一切都属于我们，这一切就构成了我们伟大的祖国。

挑选一下你心中喜欢的地方吧。无论你到什么地方，无论你在哪里落户定居，到处都有美景在向你招手，有事情等待你去完成：研究、发现新的美丽和我们大地的财富，在上面建设更美好的新生活。

我们一年中第四次，也是最后一次广播——来自全国各地的无线电报告就到此结束了。

再见！再见！

明年见！

公 告

邀请珍贵的来客

山雀和鸦

　　山雀和鸦很爱吃油脂。不过当然不能吃咸的，因为吃了咸，它们的胃会非常痛。

　　如果有人想邀请这些可爱而好玩的小鸟到自己家做客，一方面借此欣赏，同时又在这对它们说来十分艰难的季节把它们喂得饱饱的，那么就该这么做：

　　拿一根木棍，在上面钻一排小孔，在孔中浇注热的油脂（猪油或牛油）。让油脂冷却，然后把木棍挂到窗外，还有更好的办法：把它挂在窗外的树上。

　　快乐的小贵客不会让你久等，为了答谢对它们的款待，它们会向你表演各种把戏：在枝头打转、脑袋朝下翻跟头、向旁边跳跃，以及其他把戏。

请灰色的山鹑大驾光临我们的窝棚

　　人们为美丽的田间山鹑在田头设置了这样一些用云杉树枝搭建的小窝棚，他们还在窝棚里撒上大麦和燕麦粒给它们喂食。

森 林 报

啼饥号寒月

（冬二月）

No.11

1月21日至2月20日

太阳进入宝瓶星座

森林里冷呵，真冷

凛冽的寒风在毫无遮蔽的田野上踯躅徘徊，在光秃秃的白桦和山杨之间急速地扫过森林。它钻进紧紧收拢的羽毛，透进稠密的皮毛，使血液变得冰凉。

无论在地上还是树枝上，到处都坐不住：一切都盖上了白雪，爪子已经冻僵。应当跑呀，跳呀，飞呀，但求设法让身子暖和起来。

要是有温暖、舒适的大小洞穴和窝儿栖身，又有充足的食物储备，它一定十分惬意。把肚子吃得饱饱的，把身子蜷缩成一团，就呼呼大睡吧。

吃饱了就不怕冷

兽类和鸟类所有的操劳就为了吃饱肚子。饱餐一顿可以使体内发热，血液变得温暖，沿各条血管把热量送到全身。皮下有脂肪，那是温暖的绒毛或羽毛外套里面极好的衬里。寒气可以透过绒毛，可以钻进羽毛，可是任何严寒都穿不透皮下的脂肪。

如果有充足的食物，冬天就不可怕。可是在冬季里到哪儿去弄食物呢？

狼在森林里徘徊，狐狸在森林里游荡，可是森林里空空荡荡，所有的兽类和鸟类躲藏的躲藏，飞走的飞走。渡鸦在白昼飞来飞去，雕鸮在黑夜里飞来飞去，都在寻觅猎物，可猎物却没有。

森林里饿呵，真饿！

跟在后面吃剩下的

渡鸦首先发现一具动物尸体。

"咯！咯！"整整一群渡鸦鸣叫着飞集到上面，正要开始它们的晚餐。

天色已经向晚，正在黑下来，月亮出现在天空。

林中传出呜呜的叫声：

"呜——呜呜！……"

渡鸦飞走了。雕鸮从林子里飞出来，落到了尸体上。

它刚开始自己的正餐，用钩嘴撕扯着一块肉，转动着耳朵，眨巴着白色的眼皮，突然雪地上传来了簌簌的脚步声。

雕鸮飞到了树上。狐狸扑到了尸体上。

咔嚓，咔嚓，牙齿正在撕咬。它来不及吃个痛快，狼来了。

狐狸钻进了灌木丛，狼扑向了尸体。它的毛都竖了起来，牙齿像刀一样锋利，撕咬着尸肉，嘴里得意地呜呜叫个不停，周围什么声音它都没有听见。它不时抬起头，把牙齿咬得咯咯响——谁也别靠近！——于是又继续自己的好事。

突然，它的头顶一个浑厚的声音发出了咆哮。狼吓得蹲到了一边，夹紧了尾巴，随即溜之大吉。

森林之主熊大人大驾光临了。

这时谁也别想靠近。

到黑夜将尽，熊用完正餐，睡觉去了。狼却跟在后面候着。

熊走了，狼就吃上了。

狼吃饱了，狐狸来了。

狐狸吃饱了，雕鸮飞来了。

雕鸮吃饱了，这时渡鸦才飞拢来。

已是黎明时分，它们在免费的餐厅里吃了个精光，留下的只是残渣一堆。

冬芽在哪儿过冬

现在所有植物都处在休眠状态。但是它们正在准备迎接春天的来临，而且绽出了自己的冬芽。

那么这些冬芽在哪儿过冬呢？

对树木而言，冬芽在离地面很高的地方。而对草来说，情况就各不相同了。

就说林中的繁缕吧，冬芽被耷拉到地面的茎上的叶子包着。它的冬芽是活的，而且碧绿，可叶子却从秋天起就已泛黄干枯，整个植株看起来仿佛已经死亡。

蝶须、卷耳、阔叶林中的草及其他低矮的小草在雪下不仅保护自己的冬芽，也保护自己不受伤害，以便以绿色的姿态迎接春天。

这表明这些小草的冬芽都在地面以上的地方过冬，即使离地不很高。

另外，有些植物冬芽过冬的地方不一样。

去年的艾蒿、旋花、草藤、睡莲和驴蹄草，现在在地面上除了半腐烂的叶和茎，已什么也没有留下了。

如果要找它们的冬芽，你可以在紧靠地面的地方找到。

草莓、蒲公英、三叶草、酸模、千叶蓍的冬芽也在地面上，但它们被绿色的莲座叶丛所包围。这些植物也是从雪下长出来时就已经是绿油油的了。还有其他许多草类，冬季里把自己的冬芽保存在地下。在地下过冬的有银莲花、铃兰、舞鹤草、柳穿鱼、柳兰和款冬等长在根状茎上的冬芽，野蒜和顶冰花长在鳞茎上的冬芽，紫堇长在块茎上的冬芽。

　　这就是地上植物的冬芽越冬的所在地。至于水生植物的冬芽，则在池塘和湖泊的底部，把自己埋进淤泥里过冬。

H. 帕甫洛娃

林间纪事

小屋里的山雀

在啼饥号寒月，每一头林中野兽，每一只鸟儿，都向人的住处贴近。这里比较容易找到食物，能从废弃物里得到一些食物。

饥饿能压倒恐惧。谨小慎微的林中居民不再惧怕人类。

黑琴鸡和山鹑钻到了打谷场、谷仓。兔子来到了菜园，白鼬和伶鼬在地窖里捉老鼠和家鼠。雪兔常到紧靠村边的草垛上啃食干草。在我们记者设于林中的小屋里，一只山雀勇敢地从敞开的门户飞了进来，这只黄色的鸟儿两颊白色，胸脯上有一条黑纹。它对人毫不理会，开始啄食餐桌上的面包屑。

主人关上了门，于是山雀成了俘虏。

它在小屋里住了整整一星期。我们倒没有碰它，但也没有喂它。不过它一天天地明显胖了起来。它成天在整个屋子里捕猎。寻找蛐蛐、沉睡的苍蝇、捡拾食物碎屑，到夜里就钻进俄式炉子后面的缝隙

里睡觉。

几天以后它捉光了所有的苍蝇和蟑螂，就开始啄食面包，用喙啄坏书本、纸盒、塞子，凡是它眼睛看得见的都要啄。

这时主人就开了门，把这小小的不速之客逐出了小屋。

我们怎么打了一回猎

一天早晨，我和爸爸去打猎。这是一个很冷的早晨。雪地里有许多脚印。就在这时爸爸说："这是新鲜脚印。离这儿不远有一只兔子。"

爸爸派我沿着足迹去跟踪，自己却留下来等候。当你把兔子从卧伏的地方赶起以后，它总是走一个圈儿，再沿自己的足迹往回跑。

我沿着它的足迹走。脚印很多，但我坚持继续前进。不久我把它赶了起来。它趴在一丛柳树下。受惊的兔子走了一个圈儿，就踩着自己老的脚印走了。我焦急地等待着枪声。过了一分钟，又一分钟。突然，寂静中响起了枪声。我朝枪声方向跑去。不久我看见了爸爸。离他大约十米的地方，一只兔子倒在地上。我捡起兔子，我们就带着猎物回家了。

驻林地记者：维克多·达尼连科夫

老鼠从森林里出走

森林里的许多老鼠储备的食物已经不足了。为了免遭白鼬、伶鼬、黄鼬和其他食肉动物的捕食，许多老鼠逃出了自己的洞穴。

可是大地和森林都被积雪覆盖着。没东西可以吃。整支忍饥挨饿的老鼠大军开出了森林。粮食仓库面临严重威胁。应当有所警惕。

跟随着鼠迹而来的是伶鼬。但要将所有老鼠捉尽和彻底消灭，它们的数量还太少。

请保护粮食免遭啮齿动物的损害！

法则对谁不起作用

现在林中的居民都因严酷的冬季而啼饥号寒。林中的法则吩咐说：在冬季要竭尽所能拯救自己摆脱寒冷和饥饿。孵雏鸟的事连想都别想。哺育小鸟要在夏季，那时气候温暖，食物充足。

说得不错，可是如果有谁觉得冬季森林中充满食物，那这条法则对它就不起作用。

我报记者在一棵高高的云杉上发现了一只小鸟的窝。鸟窝所在的树杈上面盖满了白雪，而窝里却放着鸟蛋。

　　第二天，我们的记者来到了这里，正好碰上冻得咔咔响的大冷天，大家的鼻子都冻得通红，一看，窝里已孵出了小鸟。它们赤裸地趴在雪中央，还没有开眼。

　　真是天下奇事！

　　其实什么奇事也没有。是一对红交嘴鸟筑的巢，孵出的小鸟。

　　交嘴鸟是这样一种鸟，它在冬天一不怕冷，二不怕饿。长年可以在森林里见到一群群这样的小鸟。它们快乐地此呼彼应，从一棵树飞向另一棵树，从一座林子飞向另一座林子。它们终年过着居无定所的生活：今天在这里，明天在那里。

　　春季里所有的鸣禽都成双结对，为自己挑选地方，在那里生活，直到孵出小鸟。

　　而交嘴鸟这时却成群结队地在所有林子里飞来飞去，在哪儿也不久留。

　　在它们热热闹闹的飞行队伍里，通常可以见到老鸟和年轻的鸟在一起。仿佛它们的小鸟就是这样在空中和飞行中出生的。

　　在我们列宁格勒，还把交嘴鸟称为“鹦鹉”。给它们冠以这样的称号是因为它们鲜艳亮丽的羽毛像鹦鹉，还因为它们也像鹦鹉一样爬上小横杆转来转去。雄鸟长着不同色调的橙黄色羽毛，雌鸟和小鸟则是绿的和黄的。

　　交嘴鸟的爪子有抓力，喙抓东西很灵巧。交嘴鸟喜欢头朝下把身子挂着，爪子抓住上面的树枝，嘴咬住下面的树枝。

　　有件事令人感到完全是个奇迹，那就是交嘴鸟死后尸体很久不腐烂。一只老交嘴鸟的尸体可以放上大约二十年，一根羽毛也不会脱落，而且没有气味，像木乃伊一样。

　　但是交嘴鸟最有趣的是它的喙。这样的喙别的鸟儿是没有的。

　　交嘴鸟的喙是十字形交叉的：上半片喙向下弯，下半片向上弯。

　　交嘴鸟的喙是一切奇迹产生的关键和谜底。

它生下来的时候喙是直的，跟所有鸟类一样。但是一等它长大，它就开始用喙从云杉和松树的球果里啄取果仁。这时它那还软的喙就开始弯成十字形，而且终生保持这个样子。这对交嘴鸟是有好处的：十字形的喙从球果里剥出种子要方便得多。

现在一切都明白了。

为什么交嘴鸟一生都在森林里游荡？

那是因为它们一直在寻找球果收成好的地方。今年我们列宁格勒州球果收成好，它们就待在我们这儿。明年北方什么地方球果收成好，它们就去那里。

为什么交嘴鸟到冬天还大唱其歌，并且在雪中孵小鸟？

既然四周食物应有尽有，它们干吗不唱歌，不孵小鸟？窝里暖和着哩，里面既有羽绒又有羽毛，还有软绵绵的毛毛，雌鸟自生下第一个蛋，就不出窝了。雄鸟会给它衔来吃的。

雌鸟趴在窝里，孵着蛋，一旦小鸟出壳，它就喂它们在自己嗉囊里软化了的云杉和松树的种子。要知道树上常年都有球果。

有一对鸟儿恋上了，想住自己的屋子，生下自己的孩子了，它们就飞离了鸟群，反正无论冬季、春季还是秋季对它们都一样（每一个月交嘴鸟都能碰到窝儿）。窝安顿好了，住下了，等小鸟长大，一家子又汇入鸟群中间。

　　为什么交嘴鸟死后会变成木乃伊？

　　原因是它们吃球果种子。在云杉和松树的种子里有许多松脂。有时一只老交嘴鸟在漫长的一生中吸收这种松脂就如靴子上涂松焦油一样。松脂使它的身体死后不腐烂。

　　埃及人不也是在自己已故的亲人身上抹松脂吗，这样就做成了木乃伊。

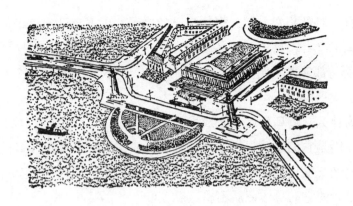

都市新闻

免费食堂

那些唱歌的鸟儿正因饥饿和寒冷而受苦受难。

心疼的城市居民在花园里或直接在窗台上为它们设置了小小的免费食堂。一些人把面包片和油脂用线穿起来，挂到窗外。另一些人在花园里放一篮谷物和面包。

山雀、褐头山雀、蓝雀，有时还有黄雀、白腰朱顶雀和其他冬季来客成群结队地光顾这些免费食堂。

学校里的森林角

无论你走到哪一所学校，每一所学校里都有一个反映活生生的大自然的角落。这里在箱子里、罐子里、笼子里生活着各式各样的小动物。这些小东西是孩子们在夏天远足的时候捉的。现在他们有太多的事要操心：所有住在这里的小东西要喂食，饮水，要按每一只小东西的习性设立住处，还得小心看住它们，别让它们逃走。这里既有鸟类，也有兽类，还有蛇、青蛙和昆虫。

在一所学校里，他们交给我们一本孩子们在夏天写的日记。看得出来，他们收集这些东西是经过考虑的，不是无缘无故的。

6月7日这天写着："挂出了通告牌，要求收集到的所有东西都交给值日生。"

6月10日，值日生的记录：

"图拉斯带回一只天牛。米罗诺夫带回一只甲虫。加甫里洛夫带回一条蚯蚓。雅科夫列夫带回荨麻上的瓢虫和木蠹。鲍尔晓夫带回一只在围墙上的小鸟。" 等等。

而且几乎每天都有这样的记载。

"6月25日我们远足到了一个池塘边。我们捉了许多蜻蜓的幼虫，等等。我们还捉到一条北螈，这我们很需要。"

有些孩子甚至描述了他们捕捉到的动物。

"我们收集了水蝎子和水蚤，还有青蛙。青蛙有四条腿，每只脚有四个脚趾。青蛙的眼睛是黑色的，鼻子有两个小孔。青蛙有一双大大的耳朵，青蛙给人类带来巨大的益处。"

冬天，孩子们凑钱在商店里买了我们州没有的动物：乌龟、毛色鲜艳的鸟类、金鱼、豚鼠。你走进屋去，那里有毛茸茸的，赤身裸体的，也有披着羽毛的。有叽叽叫的，有唱着悦耳动听歌儿的，有哼哼唧唧叫的，像个名副其实的动物园。

孩子们还想到彼此交换自己饲养的动物。夏天，一所学校抓了许

多鲫鱼，而另一所学校养了许多兔子，已经安置不下了。孩子们就开始交换：四条鲫鱼换一只兔子。

这都是低年级的孩子做的事。

年龄大一些的孩子就有了自己的组织。几乎每一所学校里都有少年自然界研究小组。

列宁格勒少年宫有一个小组，学校每年派自己最优秀的少年自然界研究者到那里参加活动。那里年轻的动物学家和植物学家学习观察和捕捉各种动物，在它们失去自由的情况下照料它们，制作成套动物标本，收集植物，把它们弄干燥，将它们制成标本。

整个学年从头至尾，小组成员都经常到城外和其他各处去参观游览。夏天他们整个中队远离列宁格勒，外出考察。他们在那里住了整整一个月，每个人做自己的事：植物学爱好者收集植物；兽类学研究者捕捉老鼠、刺猬、鼩鼱、兔崽子和别的小兽；鸟类学研究者寻找鸟巢，观察鸟类；爬虫学研究者捕捉青蛙、蛇、蜥蜴、北螈；水文学研究者捕捉鱼和各种水生动物；昆虫学研究者收集蝴蝶、甲虫，研究蜜蜂、黄蜂、蚂蚁的生活。

少年米丘林工作者在学校附属的园地开辟了果树和林木的苗圃。在自己不大的菜园，他们获得了很高的产量。

所有人都就自己的观察和工作写了详细日记。

下雨和刮风，露水和炎热，田间、草地、河流、湖泊和森林中的生灵，集体农庄庄员的农活，没有一样逃脱少年自然界研究者的注意力。他们研究的是我们祖国巨大而形式多样的财富。

在我国，前所未有的新一代未来的科学家、研究人员、猎人、动物足迹研究者、大自然的改造者正在成长。

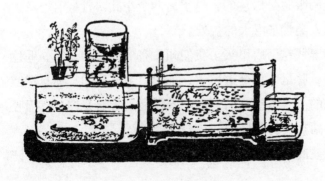

狩猎纪事

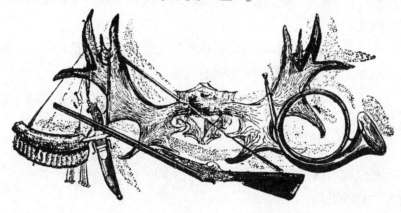

带着小猪崽猎狼

这是一种危险的狩猎方式，难得有人有这么大胆子，敢在黑夜里独自到田野里，身边没有同伴。

然而有一次有了这么大胆的一个人。他让马驾上无座雪橇，拿着猎枪，带着装在袋子里的小猪崽，黑夜里趁着满天的月色出了村寨。

周围一带的狼有点不安分，农民们不止一次抱怨它们肆无忌惮：野兽竟大摇大摆地进到村子里面来了。

猎人拐了个弯离开了车道，悄悄地沿着林边驰上了一片荒地。

他一手牵着缰绳，一手时不时地去揪小猪的耳朵。

小猪的四条腿被捆住了；它躺在袋子里，只有脑袋露在外面。

小猪的职责是发出尖叫把狼引过来。它当然用尽平生之力不停尖叫，因为小猪耳朵很嫩，被揪耳朵时小猪感到很痛。

狼没有让自己久等。不久，猎人发现森林里有一点一点的绿中带红色的亮光。亮光不安地在黑魆魆的树干之间来回游移。这是狼的眼睛在闪烁。

马打起了响鼻，开始向前狂奔。猎人好不容易用一只手驾驭着它。他的另一只手要不住地揪猪耳朵：狼还不敢向坐人的雪橇攻击。只有小猪的尖叫能使它们忘却恐惧。

狼看清了：雪橇后面一根长长的绳子拖着一只袋子，在土墩和坑洼上颠簸。

袋子里装满了雪和猪粪，可狼却以为里面装着小猪，因为它们听到了小猪的尖叫，也闻到了小猪的气味。

小猪肉可是美味佳肴。当小猪就在这里，在你耳旁尖叫时，你就会忘记危险。

狼壮起了胆。

它们蹿出森林，冲向雪橇的是整整的一群——六头、七头、八头身强力壮的野兽。

在开阔的野地里，猎人在近处看去觉得它们很大。月光会骗人。它照在野兽的毛上，使野兽看上去似乎比实际的个头大。

猎人放开小猪耳朵，抓起了猎枪。

走在前面的一头狼已经赶上颠簸着的那袋猪粪。猎人瞄准了它肩胛以下的地方，扣动了扳机。

前面的那头狼一个跟头滚进了雪地里。猎人把另一个枪筒里的子弹打了出去——对着另一头狼，但是马冲了起来，打偏了。

猎人用双手抓住缰绳，好不容易控制住了马。

然而狼群已在森林里消失。它们中只有一头留在老地方，在临死前的抽搐中用后腿挖着雪。

这时猎人把马完全停了下来。他把猎枪和小猪留在雪橇上，徒步回去捡猎物。

夜里村里发生了一件令人心惊肉跳的事：猎人的马独自跑进了村，没有乘坐的人。在宽阔的雪橇上放着没有上膛的猎枪和捆绑着四腿可怜地哼哼叫着的小猪。

到天亮时，农民们走到野地里，从足迹上读出了夜里发生的事。

事情的原委是这样的：

猎人把打死的狼扛上了肩就向雪橇走去。他已走到离雪橇很近了，这时马闻到了狼的气息。马吓得打了个哆嗦，向前一冲，就飞奔起来。猎人独自和死狼留了下来。他随身连小刀也没有带，猎枪又落

在了雪橇上。

而狼却已经从恐惧中回过神来。一群狼全部走出森林，围住了猎人。

农民们在雪地上只发现了一堆人骨和狼骨：狼群连自己的同伴也吃了。

上述事件发生在六十年前。从此以后，再也没有听说狼攻击人的事。狼只要不发疯或受伤，就连不带武器的人它也害怕。

在熊洞上

一件不幸的事发生在猎熊的时候。

守林人发现了一个熊洞。他们从城里叫来了一个猎人。他们带了两条莱卡狗，悄悄走近一个雪堆，野兽就睡在雪堆下面。

猎人按照所有规则站在雪堆的侧面。熊洞的入口一般总是对着太阳升起的方向。野兽从洞里跳出以后，通常向着南方这一边去。猎人站的位置应当能使他从侧面向熊开枪：打它的心脏。

守林人从雪堆后面走过去，放开了猎狗。

两条狗闻到野兽气味后就开始狂暴地向雪堆冲去。

它们发出的喧闹声使熊不得不醒过来。冬眠的熊就如一头没有生命迹象的死熊。

突然从雪里面伸出长着利爪的黑色脚掌，差点儿没抓着其中的一条狗。那条狗尖叫着跳到了一边。

这时野兽猛地一下从雪堆里蹿了出来，仿佛一大块黑色的泥土。出乎意料的是它没有向侧面冲去，而是直接冲向了猎人。

熊的脑袋低垂着，挡住了自己的胸口。

猎人开了一枪。

子弹从野兽坚硬的头盖骨上擦过，飞向了一边。野兽被脑门上强有力的一击激得发狂了，便将猎人扑倒在地，压在了自己身子下面。

　　两条猎狗咬住熊的臀部，把身子挂在上面，但无济于事。

　　守林人吓破了胆，毫无作用地叫喊着，挥舞着猎枪。反正也不能对它开枪，子弹可能会伤及猎人。

　　熊用可怕的爪子一下把猎人的帽子连同头发和头皮抓了下来。

　　接下去的一瞬间熊向侧面翻过身去，开始吼叫着在洒上鲜血的雪地里打滚：猎人没有惊慌失措，他拔出短刀，捅进了野兽的肚子。

　　猎人活下来了。熊皮至今还挂在他床头。但是现在猎人的头上仍然包着一块厚头巾。

公 告

别忘了无人照料和忍饥挨饿的动物

在啼饥号寒月，别忘了致命的暴风雪，别忘了自己弱小的朋友鸟类。

每天在鸟类食堂放上食物（请阅第九、第十期公告）。

为小鸟安顿过夜的地方：椋鸟舍、山雀箱、在圆木上挖洞的鸟巢（请阅第一、第二期公告）。

在自己同学和熟人中为饥饿的鸟儿募集捐助品。

有人捐谷物，有人捐油脂，有人捐浆果，有人捐面包屑，还有人捐蚂蚁卵。

小小的鸟儿需求多吗？

它们中间有多少只是被你从濒临饿死的境地中拯救出来的？

森 林 报

No.12

2月21日至3月20日

熬待春归月

（冬三月）

太阳进入双鱼星座

第十二期目录

熬到头了吗

　　森林年中的最后一个月，最艰难的一个月——苦苦等待春归月来临。

　　森林中所有居民粮仓中的储备已快用完。所有兽类和鸟类都变瘦了，皮下已没有保温的脂肪。由于长时间在饥饿中度日，它们的力量减退了好多。

　　而现在，仿佛有意捣蛋似的，森林里刮起了阵阵暴风雪，严寒越来越厉害。冬季还有最后一个月好游荡，它却让最凶狠的天寒地冻的气候降临大地。每一头野兽，每一只鸟儿，现在可要坚持住，鼓起最

后的力量，熬到大地回春时。

　　我们驻林地的记者走遍了所有森林。他们担心着一个问题：野兽和鸟类能熬到春暖花开的时候吗？

　　他们在森林里不得不见到许多悲惨的事情。森林里有些居民受不了饥饿和寒冷，夭折了。其余的能勉强支撑着再熬过一个月吗？确实会遇到这样的一些动物，因为它们没有必要担惊受怕：它们不会完蛋。

严寒的牺牲品

　　严寒又加上刮风是很可怕的。每每这样的天气过后，在雪地里不是这里就是那里，你都会发现冻死的兽类、鸟类和昆虫的尸体。

　　暴风雪从树桩下、被风暴摧折的树木下刮过，而那里恰恰是小小的兽类、甲虫、蜘蛛、蜗牛、蚯蚓的藏身之地。

　　温暖的积雪从这些地方被吹落，在凛冽的风中冻结成冰。

　　就这样暴风雪能把飞行中的鸟儿杀死。乌鸦是相当有耐受力的鸟类，但是在持久的暴风雪以后，我们往往会发现它们死在了雪地里。

　　暴风雪过去了，现在该卫生员忙碌了：猛禽和猛兽在森林里搜索，把被暴风雪杀死的一切收拾干净。

结薄冰的天气

　　最可怕的大概是解冻以后严寒骤然降临，一下子把雪的表层冻结起来。雪上面的这层冰壳既坚又硬又滑，无论柔弱的爪子或鸟喙都不能将它穿通。狍子的蹄子倒能把它踩通，但是被破冰壳锐利的边缘像刀子一样切割着腿上的毛、皮和肉。

　　鸟儿怎么从薄冰下面弄到草和谷粒——食物呢？

　　谁也没有力量打通玻璃一样的冰壳，就只好挨饿。

　　还经常有这样的情况：

解冻了。地面的积雪变得潮湿松软。傍晚一群灰色的山鹑降落到上面，非常轻松地在雪地里挖了一个个小洞，在冒着热气的暖室里沉沉入睡。

然后，夜里严寒乍然而至。

山鹑在温暖的地下洞穴里睡大觉，既没有醒来也没有感觉到寒冷。

早晨它们醒了。雪下面暖洋洋的。但是呼吸困难。

得到外面去，因为要透透气，舒展舒展翅膀，找寻食物。

它们想飞起来，但头顶是像玻璃一样坚固的薄冰。

薄冰。它表面什么也没有；它的下面是松软的积雪。

灰色的山鹑用自己的脑袋撞击冰壳，撞到出血——但愿能从冰盖下挣脱出去。

最终能挣脱死囚境地的那些山鹑是幸运儿，尽管它们饥肠辘辘。

玻璃青蛙

我们驻林地的记者打碎了一个连底冻的池塘的冰块，从下面挖取淤泥。在淤泥中有许多一堆堆钻进里面过冬的青蛙。

等把它们弄出以后，它们看上去完全像是玻璃做的。它们的身体变得很脆，细细的腿稍稍一碰就会断裂，同时发出清脆的响声。

我们的记者拿了几只青蛙回家。他们小心翼翼地在温暖的房间里让冻结成冰的青蛙一点点回暖。青蛙稍稍苏醒过来，开始在地上跳跃。

因此可以期待，一旦春季里太阳融化了池内的坚冰，晒热了池水，青蛙会在里面活着苏醒过来，而且健健康康。

睡宝宝

在托斯纳河①岸上，距萨博里诺十月火车站不远处，有一个岩洞。以前人们在那里采沙，现在那里已经多年无人光顾了。

我们的林地记者到了这个洞穴，在它的顶上发现了许多蝙蝠——大耳蝠和棕蝠。它们这样头朝下，爪子抓住粗糙的洞顶，已经沉睡了五个月。大耳蝠把自己的大耳朵藏在折叠的翅膀里，用翅膀把身子包起来，仿佛裹在毯子里，挂着睡觉。

我们的记者为大耳蝠和棕蝠如此漫长的睡眠担心起来，就给它们测脉搏，量体温。

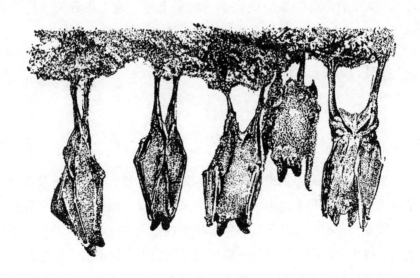

---

① 托斯纳河，原苏联列宁格勒州境内河流，河畔有托斯诺城。

夏天蝙蝠的体温和我们一样，37摄氏度左右，脉搏每分钟200次。

现在测量得到的脉搏每分钟只有50次，而体温只有5摄氏度。

尽管如此，小小的睡宝宝的健康肯定丝毫不用担心。

它们还能自由自在地睡上一个月，甚至两个月，当温暖的黑夜来临时，它们就完全健康地苏醒过来。

穿着轻盈的衣服

今天，在隐秘的角落我已经发现了款冬。它正鲜花怒放，傲寒而立。可是你要知道，原来它的这些茎裹着一层轻盈的衣服：像鱼鳞似的小薄片，蛛丝一样的茸毛。现在穿大衣都觉得冷，它们也总得穿点儿什么吧。

不过你们不会相信我：周围是白雪世界，哪来的什么款冬呀？

可我告诉过你，我是在"隐秘的角落"里发现的。这就是它所在的地方：一幢大厦的南侧，而且在那个位置，那里正好经过暖气的管道。"隐秘的角落"是一块化了雪的黑土地，地上像春天一样冒着热气。

但是空气中却是一片严寒！

H. 帕甫洛娃

迫不及待

当严寒刚刚有点消退，开始解冻的时候，各式各样迫不及待的小东西就从雪地里爬了出来：蚯蚓、潮虫、蜘蛛、瓢虫、锯蜂的幼虫。

只要哪儿有一角从积雪下解放出来的土地——暴风雪经常把露在地面的树根上的积雪吹光——那里就是它们举办娱乐活动的地方。

甲虫要舒展它们麻木的腿脚，蜘蛛要捕猎。没有翅膀的雪盲蚊直接光着脚在雪上又跑又跳。空中飞舞着长脚的蚋群。

　　一等严寒降临，娱乐活动便告终结，于是整个团队又藏到树叶下、苔藓和草丛里，或泥土中。

林间纪事

钻出冰窟窿的脑袋

一个渔夫在涅瓦河口芬兰湾的冰上走路。经过一个冰窟窿时，他发现从冰下伸出一个长着稀疏的硬胡须的光滑脑袋。

渔夫想，这是溺水而亡的人从冰窟窿里露出的脑袋。但是突然那个脑袋向他转了过来，于是渔夫看清了这是一头野兽长着胡须的嘴脸，外面紧紧包着一张长有油光光短毛的皮。

两只炯炯发光的眼睛顿时直勾勾地盯住了渔夫的脸。然后扑通一声，嘴脸在冰下面消失了。

这时渔夫才明白自己看见了一头海豹。

海豹在冰下捕鱼。它只是把脑袋从水里探出一小会儿，以便呼吸一下空气。

冬季，渔民经常在芬兰湾趁海豹从冰窟窿爬到冰面上时打死它。

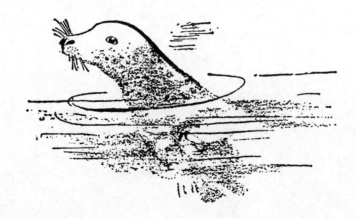

甚至常会有海豹追逐鱼儿而游入涅瓦河的事。在拉多什湖上有许多海豹，所以那里有了正式的海豹捕猎业。

抛弃武器

森林勇士驼鹿和公狍抛弃了双角。

驼鹿自己把沉重的武器从头上甩掉：在密林中将双角在树干上摩擦。

两头狼发现其中一位头上没有角的勇士，便想对它袭击。在它们看来取胜是轻而易举的。

一头狼在前面向驼鹿进攻，另一头在后面。

战斗结束得出乎意料地快。驼鹿用坚硬的前蹄踩碎了一头狼的头盖骨，转瞬之间就转身把另一头狼打翻在雪地里。狼全身伤痕累累，勉强来得及从对手身边溜走。

最近，老驼鹿和狍子头上已经露出新角。这是尚未变硬的隆起物，上面蒙着皮和蓬松的毛毛。

冷水浴爱好者

在加特钦纳波罗的海火车站附近一条小河上的冰窟窿边，我们的

一位驻林地记者发现了一只黑肚皮的小鸟。

时当冻得咯咯响的严寒天气，虽然天空中太阳高照，我们的记者在那个早晨仍不止一次地不得不用雪去摩擦冻得发白的鼻子。

所以听到一只黑肚皮的小鸟在冰上唱得这么欢，他感到十分惊讶。

他走得靠近些。这时小鸟跳将起来，一下子扑通一声跳进了冰窟窿！

"它会淹死的！"记者想，于是赶快跑到冰窟窿边，想把失去理智的小鸟救出来。

小鸟在水下用翅膀划水，就像游泳的人用双臂划水一样。

它那深暗的脊背在清澈的水里闪烁，宛如一条银晃晃的小鱼。

小鸟潜到水底，在那里快跑起来，用尖尖的爪子抓住沙子。在一个地方稍稍逗留了一会儿。它用喙翻转一块小石头，从下面捉出一只黑色的水甲虫。

可是不一会儿，它已经从另一个冰窟窿出来，跳到了冰上，耸身一抖，仿佛没那回事似的，又欢乐地唱了起来。

我们的记者把手向冰窟窿里伸了进去。"也许这里有温泉，河水是温的？"他想道。

但是他立马把手从窟窿里收了回来：冰冷的水刺得手生痛。

直到这时他才明白，他面前的是只水里的麻雀——河乌。

这也是一种不守常规的鸟，犹如交嘴鸟那样。它的羽毛上覆盖着薄薄的一层脂肪。当水中的麻雀潜入水中时，涂有脂肪层的羽毛中的空气变成了一个个气泡，就泛起了点点银光。小鸟仿佛穿上了一件空气做的衣服，所以即使在冰冷的水中它也感觉不到冷。

在我们列宁格勒州水麻雀是稀客，只有在冬季才会经常出现。

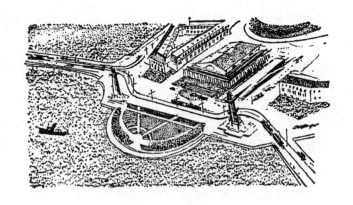

都市新闻

大街上的斗殴

在城里已能感觉到春的临近：大街上时不时会发生斗殴事件。

街上的麻雀对行人毫不理会，彼此狠狠咬住对方的后颈抖动着，使得羽毛飞向四面八方。

雌麻雀从不参加斗殴，但也不制止斗殴者。

每到晚上，在屋顶常发生猫打架的事件。往往打架的双方以这样的方式分开，其中敌方的一只猫一骨碌从好几层高的屋顶上飞滚而下。

不过，这时机灵的猫不会摔死：它下坠时直接四脚着地，无非腿有点儿瘸。

修理和建筑

全城都在修理和建筑。

老乌鸦、寒鸦、麻雀和鸽子正在忙着修理自己去年筑的巢。去年

234

夏天生的年青一代正为自己造新窝。对建筑材料的需求迅猛上升：需要树的枝杈、麦秸、柔韧的树枝、树条、马毛、茸毛和羽毛。

鸟类的食堂

我和我的同学舒拉非常喜欢鸟。冬天的鸟像山雀和啄木鸟之类的，经常挨饿。我们决计为它们做食槽。

我家屋边长着许多树，上面经常有鸟儿停下来用自己的喙觅食。

我们用胶合板做成浅浅的槽，每天早晨往里面撒各种种子。鸟儿已经习惯，再也不怕飞近前来，而且乐意啄食。我们认为这对鸟儿只有好处。

我们建议所有孩子都来做这件事。

驻林地记者：瓦西里·格里德涅夫

亚历山大·叶甫谢耶夫

雪下的童年

外面正在解冻。我去取种花用的土，路上我顺便看了看我养鸟的园子。那里有我为金丝雀种的繁缕。金丝雀很喜欢吃它鲜嫩多汁的绿色茎叶。

你们当然知道繁缕，是吗？油亮的小叶子，勉强看得见的白白的小花，总是彼此缠绕的脆脆的小茎。

它紧靠着地面生长，园子里你照管不过来，它已经爬满所有的地垄了。

就这样我在秋天撒了种子，但已经太迟。它们发芽了，但来不及长出苗来，一根小茎和两片叶子就都被盖到了雪下。

我没指望它们能活下来。

但结果怎么样呢？我一看，它们从雪地里钻出来了，还长大了。现在已经不是苗苗，而是一棵棵小小的植物了，甚至还有了几个

花蕾！

真不可思议，这可是发生在冬季，在皑皑白雪的下面发生的事！

H. 帕甫洛娃

神奇的小白桦

昨天傍晚和夜里下了一场温暖而黏湿的雪，门口台阶前花园里，我那棵可爱的白桦树上，光秃秃的树枝和整个白色的树干沾满了雪花。可凌晨时天气却骤然变得十分寒冷。

太阳升上了明净的天空。我一看，我的小白桦变成了一棵神奇的树：直至每一根细小的枝条，它全身仿佛被浇了一层糖衣；湿雪结成了薄冰。我的整棵白桦树都变得亮晶晶了。

飞来了尾巴长长的山雀，一只只毛茸茸的、暖和和的，仿佛一个个插着编针的小小的白色毛线球。它们停到小白桦上，在枝头辗转跳跃——用什么当早餐呢？

爪子打着滑，嘴巴又啄不穿冰壳，白桦只是冷漠地发出玻璃般细细的叮咚声。

山雀抱怨地尖叫着飞走了。

太阳越升越高，越晒越暖，化开了冰壳。

神奇的白桦树上，所有的枝条和它的树干开始滴水，于是它仿佛变成了一个冰的喷泉。

开始融雪了。白桦树的枝条上流淌着一条条银光闪闪的小蛇，熠熠生辉，变幻着五光十色。

山雀回来了。它们不怕弄湿了爪子，纷纷停栖枝头。现在它们高兴了：爪子再也不会打滑，化了雪的白桦树还招待它们美味的早餐。

驻林地记者：维丽卡

狩猎纪事

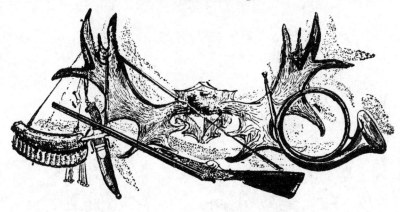

巧妙的捕兽器

与其说猎人捕猎野兽靠的是猎枪，不如说靠的是形形色色巧妙的捕兽器。为了想出一个好的捕兽器，需要有很强的创造能力和有关野兽性格与习性的准确知识。捕兽器不仅要会做，还要会放置。一个笨拙的猎人，他的捕兽器总是一无所获，而一个有经验的猎人，他的捕兽器通常总是带着猎物。

钢铁捕兽夹既不用发明，也不用制作——去买来得了。可学会放置捕兽器就不那么简单了。

首先得知道放在什么地方。捕兽器要放在洞边，兽径上，在交会点——野兽聚集和许多兽迹交错的地方。

其次要知道如何准备和放置。要捕捉警惕性很高的野兽，像貂呀、猞猁呀，先要把捕兽夹在针叶的汤水里煮过；用木耙耙掉一层雪，用戴手套的双手放上捕兽夹，再在上面放上从这个地方耙掉的雪，用耙子耙平。没有这些预防措施，敏感的野兽就能闻到人的气息，甚至雪下铁器的气息。

如果放置对付大型、力气大的野兽的夹子，那要将它和一段沉重的原木拴在一起，使野兽拖着它跑不远。

　　如果放置捕兽夹时带诱饵，就该明白给什么野兽吃什么。一种给老鼠，另一种给肉，第三种给鱼干。

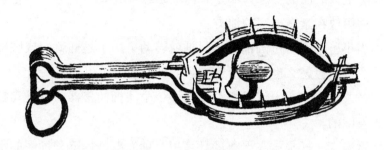

活捉小猛兽的器具

　　猎人们想出了许多巧妙器具来活捉小猛兽，像白鼬、伶鼬、黄鼠狼、水貂等。这样简单的器具每个人都能做。

　　所有这些东西的制作都基于一种考虑：入口打开，出口关闭。

　　请拿一个长长的小箱子或一段木头的管子。在一头做一个入口。在入口上方固定一扇用粗铁丝做的小门，不过要使这些铁丝的长度超过洞口。小门要斜竖，下缘朝箱内开。这样就一切就绪了。

　　箱内放着诱饵。小兽闻到它的气味，透过铁丝小门看到了它。小兽用脑袋去推小门，从它下面爬进了箱子。小门在它身后落下来就关上了。要从里面打开它是不可能的，于是被逮的小兽就一直等着，直到你把它从那里拖出为止。

　　在这样的箱子里可以装一块"假地板"，诱饵挂在顶板下，在箱子封死的一头。这里的入口要窄一点，在它上面从内部装一个灵活的小闩。

　　小兽刚走过假地板的中线（那里木板正好可以在小横轴上自由转动）时，它身下的板就降了下去，而靠入口处的一端却翘了起来，小闩弹了上去，于是出口被死死关闭了。

更简单的办法是拿一个比较高的小桶或上面开口的完整的大圆桶，在腰部正中开两个小孔，插进一根横杆。横杆两头固定在两根小柱上。两根小柱之间挖一个坑，它的深度要容得下半截桶子。

将圆桶在横杆上放置平衡，使前面一半的边缘（那里有出口）搁在坑边上，后面的一半（那是有桶底）悬在坑上。

诱饵放在紧靠桶底的地方。

当小兽刚刚走过圆桶一半时桶就转动了，于是桶就变成底部向下站着了。小兽怎么也无法沿着圆圆的桶壁向上爬出桶去。

冬季在严寒的天气里完全可以做一个冰桶捕兽器，这是乌拉尔的猎人发明的。

将满满一桶水放在严寒的环境里。桶面上、桶壁和桶底的水结冰比里面的快。当冰结到大约一两根手指宽的厚度时，从上面开一个大小能使白鼬钻过的圆孔，再从这个孔里把其余的水倒掉，将桶搬进屋里。在温暖的地方，桶壁和桶底很快受热了，冰开始融化。这时就很轻松地从铁皮桶内抖搂出了一只冰桶。它方方面面都是封闭的，只在顶上有个小孔。这就是冰桶捕兽器。

往里面放些干草或麦秸，再放进一只活老鼠。在白鼬或伶鼬经常出入的地方把雪挖开埋入冰桶，使顶部和雪面一样高。

小兽闻到老鼠的气息，马上就钻进小孔到了桶底。它无法沿光滑的桶壁往回爬出桶去，也无法把冰咬穿。

要从冰桶里取出小兽，可直接把它打碎：这个捕兽器不值分文，这样的东西想做多少都可以。

狼　坑

捕狼可设置狼坑。

在狼经过的小道上挖一个椭圆形深坑，坑壁要垂直。坑的大小要容得下狼，又使它无法助跑起跳。在上面盖上一些细木杆，再撒上枝条、苔藓、麦秸。上面再盖上雪。把所有人为痕迹都掩盖掉，使你认不出哪儿是深坑。

夜里狼从小道上走过。第一头狼刚走到就掉进了坑里。

早晨就可取活狼了。

狼陷阱

还有设"狼陷阱"的。把木桩打进土里围成一圈。这个圈要把另一个用木桩围成的圈围在里面，使得狼能在两圈木桩之间挤得过去。

在外圈上装一扇开向夹层内部的门。在里圈内放入一只小猪、一只山羊或羔羊。

狼闻到猎物气息后就走进外圈的门里，开始在两道木桩间狭小的夹层里走圈儿。走完一整圈后第一头狼的嘴脸碰上了门，而门又妨碍它继续往前走（要转身又不可能）。这样门就堵上了，于是所有的狼都被捉住了。

它们就这样围着被隔离的羔羊无休止地走下去，直至猎人来收拾它们。在这种情况下羔羊完好无损，而狼却没有吃饱。

地上坑

冬季很难深挖，因为泥土冻得像石头。所以人们就做个地上坑来替代一般的捕狼坑。这是一个用木桩做成围墙围起来的地方，四角各有一根柱子。第五根柱子立在"坑"中央。它要高过围墙，上面挂着诱饵——一块肉。

在木桩做的围墙上搁一块板。

板的一头着地，另一头高悬在"坑"的上头，紧靠诱饵。

狼闻到肉味后就沿木板向上爬。在它体重的作用下木板凌空的一头就往下倾，于是狼一个跟头翻进了"坑"里。

熊洞边的又一次遭遇

（本报特派记者）

塞索伊·塞索伊奇踩着滑雪板走在一块长满苔藓的大沼泽地上。当时正值2月底，下了很多雪。

沼泽地上耸立着一座座孤林。塞索伊·塞索伊奇的莱卡狗佐里卡跑进了其中的一座林子，消失在树丛后面。突然从那里传来了狗叫声，而且叫得那么凶，那么激烈。塞索伊·塞索伊奇马上明白猎狗碰上熊了。

这时，小个子猎人颇为得意，因为他带了一把能装五发子弹的好枪。于是他急忙向狗叫的方向赶去。

佐里卡对着一大堆被风暴刮倒的树木狂叫，那上面落满了雪。塞索伊·塞索伊奇选择好位置，匆匆忙忙从脚上脱去滑雪板，踩实脚下的积雪，做好了射击的准备。

很快，从雪地里露出一个宽脑门的黑脑袋，闪过一双睡意蒙眬的绿色眼睛。按捕熊人的说法，这是野兽在和人打招呼。

塞索伊·塞索伊奇知道，熊在遭遇敌手时仍然要躲起来。它会到那里的洞里躲起来，再猛然跳将出来。所以猎人趁野兽把脑袋藏起来之前就开了枪。

然而过快的瞄准反而不准，后来得知子弹只伤了熊的面颊。

野兽跳了出来，直向塞索伊·塞索伊奇扑来。

幸好第二枪几乎正中目标，将野兽打翻在地了。

佐里卡冲过来撼动死熊的尸体。

熊扑过来时，塞索伊·塞索伊奇来不及害怕。但是当危险过去以后，强壮的小个儿汉子一下子全身瘫软了。眼前一片模糊，耳朵里嗡嗡直响。他往整个胸腔里深深地吸了一口冰冷的空气，仿佛从沉重的思虑中清醒了过来。这时他才觉得刚才自己经历了一件可怕的事情。

在和巨大的猛兽危险地面对面遭遇后，每一个人，即使是最勇敢的人，往往都会有这种感受。

突然，佐里卡从熊的尸体边跳开了，汪汪叫了起来，又冲向了那个树堆，不过现在是向另一边冲过去。

塞索伊·塞索伊奇瞟了一眼，惊呆了：那里露出了第二头熊的脑袋。

小个儿男人一下子镇定下来，很快就瞄准，不过瞄得很仔细。

这次，他成功地一枪就把野兽在树堆边就地撂倒。

然而，几乎是在顷刻之间，从第一头熊跳出的黑洞里冒出了第三头熊的宽脑门的棕色脑袋，而在它后面又跟着冒出了第四头熊的脑袋。

塞索伊·塞索伊奇慌了神，恐惧攫住了他。似乎整个林子里的熊都聚集到了这个树堆里，而此刻都向他爬来了。

他瞄也没瞄就开了一枪，接着又开了一枪，然后把打完子弹的枪扔到了雪地里。他发现第一枪打出以后棕色的熊脑袋不见了，而佐里卡意外地撞着了最后一颗子弹，竟一枪毙命倒在了雪地里。

这时他双腿发软，下意识地向前跨了三四步。塞索伊·塞索伊奇绊着了他打死的第一头熊的尸体，倒在了上面，接着就失去了知觉。

不知他这样躺了多久。苏醒的过程是令人胆战心惊的：有什么东西很痛地在揪他的鼻子，他想去抓鼻子，但是手碰到了暖烘烘、毛茸茸会动的一样东西。他睁开了眼睛，一双睡意蒙眬的绿色熊眼睛正盯着他的双眼。

塞索伊·塞索伊奇一声惊叫，那声音已不是他自己的了，他猛然一挣，把鼻子挣脱出了野兽的嘴巴。

他像个呆子似的站了起来，拔腿就跑，但马上跌进了齐腰深的雪里，陷在了雪地里。

他回头一看，方才明白刚才揪他鼻子的是一头小熊崽。

塞索伊·塞索伊奇的心没有能马上平静下来，他弄清楚了自己历险的全过程。

他用最先的两颗子弹打死了一头母熊。接着从树堆另一边跳出来的是一头三岁的幼熊。

　　幼熊年纪还小，总是雄性。夏天它帮熊妈妈带小弟弟小妹妹，冬季就在离它们不远的地方冬眠。

　　在这堆被风暴摧折的巨大树堆里，有两个熊洞。一个洞里睡着幼熊，另一个洞里睡着母熊和它的两头一岁的熊崽子。

　　熊崽子还小，体重充其量跟一个12岁的人差不多。但是它们已经长出了宽宽的脑门，大大的脑袋，以致他因为受了惊吓糊里糊涂把它们的脑袋当成了成年熊的头颅。

　　在猎人晕倒在地时，熊的家庭中唯一幸存的小熊崽走到了熊妈妈身边。它开始拱死去的母熊的胸脯，碰到了塞索伊·塞索伊奇温暖的鼻子，显然把塞索伊·塞索伊奇这个不大的突出物当成了母亲的乳头，于是叼进嘴里吸了起来。

　　塞索伊·塞索伊奇把佐里卡就地在林子里埋了。他抓住熊崽带回了家。

　　这头小熊崽原来是一头很好玩又很温和的野兽，非常依恋因失去佐里卡而只剩自己孤身一人的小个儿猎人。

最后时刻的紧急电报

城里出现先到的白嘴鸦。冬季结束了。森林里现在是新年元旦。现在请你重新从第一期开始阅读《森林报》。

比安基在列宁格勒神学公墓的墓碑（雕塑家日尔明娜·米鲁普设计）

我是第一个把森林作为一种生命之轮描写的作家。这种生命之轮的轨迹是完整的……千百篇故事的要素都是世界上最坚定、最美好的东西，那就是对万物的爱和万物本身生长、成长、繁华的生机。

——比安基

247

比安基是"发现森林的第一人"。

——［苏］斯拉德科夫

《森林报》是一部比故事书更有趣的科普读物，是一部关于大自然四季变化的百科全书，是几十年来影响巨大的科普名著。

——选自《外国文学史》

他在作品里教少年读者们睁开眼睛，学会看周围的大自然，教少年读者们观察、比较和思索，做一个好的追踪者和优秀的自然研究者。

——王汶

比安基像俄罗斯的普里什文一样，都对大自然充满着高度的热情，前者对动物关注更多些，后者对植物的关注多些，这是一个作品给人留下的直观的印象，但不是绝对的。比安基深受家庭影响，从小就喜欢动植物，并写过大量的观察日记，这为他日后创作动物小说奠定了坚实的基础。和西顿的动物小说不同，比安基的动物小说更具故事性和趣味性，更富有童话的色彩，更贴近儿童。也许，我们假定，西顿的动物小说，如同安徒生的童话一样，最初并不是给儿童写的，但最终却得到了全世界儿童的喜欢。比安基，从一开始，不管他主观意识是否为儿童写作的，作品却达到了这样的客观效果。或许，比安基更有童心一些。比安基的动植物小说被人们誉为"动植物的百科全书"，不是没有原因的。他笔下的动植物的种类，比一般动植物小说作家的种类要广泛得多。在写作特点上，也接近于百科知识，或者说科普童话。他注重细节的刻画，他笔下的动植物栩栩如生，给人们的感觉是他在用显微镜观察动植物。另外，比安基的文学创作意识比较强，如《森林报》，他在创意和策划上，别具一格。基于以上种种特点，他的动物小说更儿童化，儿童文学气息更浓。

——安武林

Ⅲ　读苏联科普作家比安基的《森林报》是在我 30 岁以后，该书号称"比故事书更有趣的科普"，分为"春、夏、秋、冬"四部分，是一套关于大自然四季变化的百科全书。在这套书里，比安基带领孩子们领略了北半球上秧鸡徒步、候鸟搬家、麋鹿打群架等诸多有趣的生物现象，以丰富的生活经验和自然知识征服了无数成人与孩子的心。比安基的成功之处在于，他充分关注孩子的内心感受，以讲故事的方式将自然界发生的趣事逸闻娓娓道来。这种建立在对孩子心理充分了解基础之上的写作，用艺术化的语言将大森林中发生的各种奇闻异事一一报道、曝光，让森林里的"英雄"与"强盗"现身说法，告诉孩子们人生之路应该怎样走。比安基的成功告诉我们，教育是一个事关心灵的话题，能否巧妙地打开孩子的心扉，对于写作者和教育从业者而言，都至关重要。

——胡杰